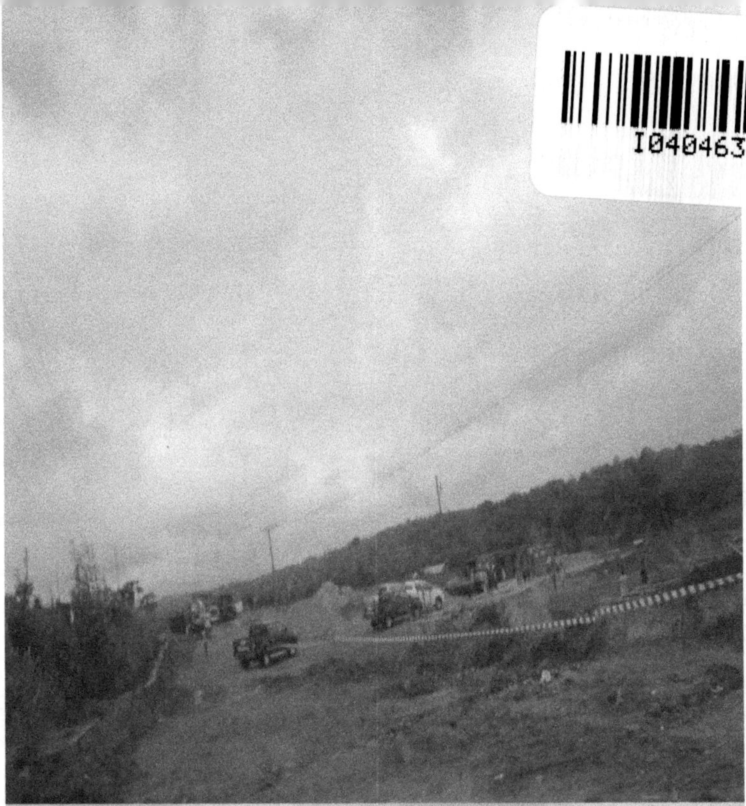

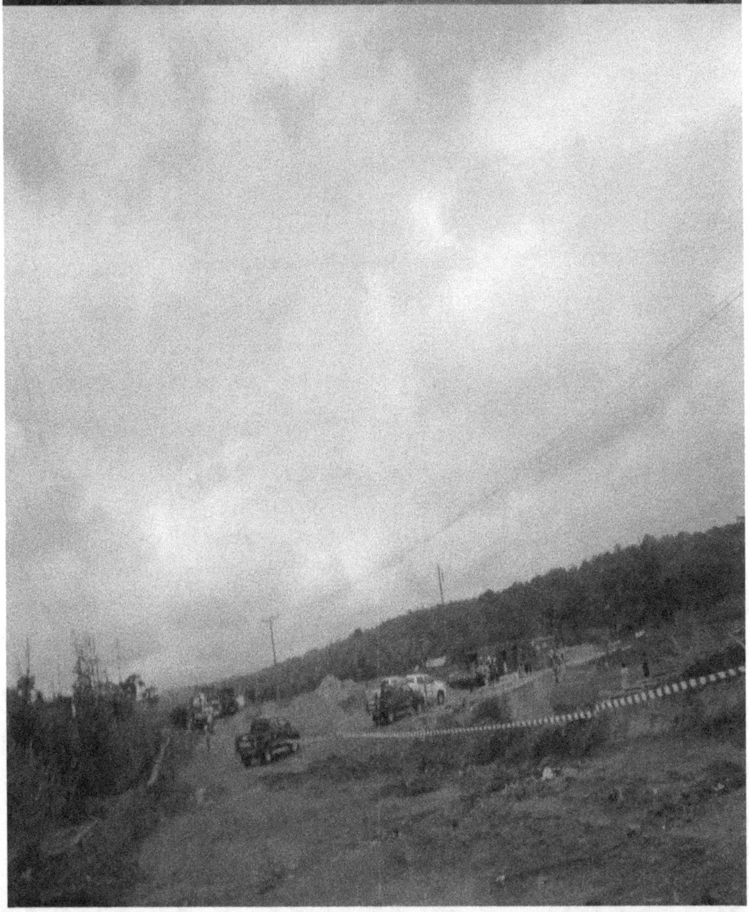

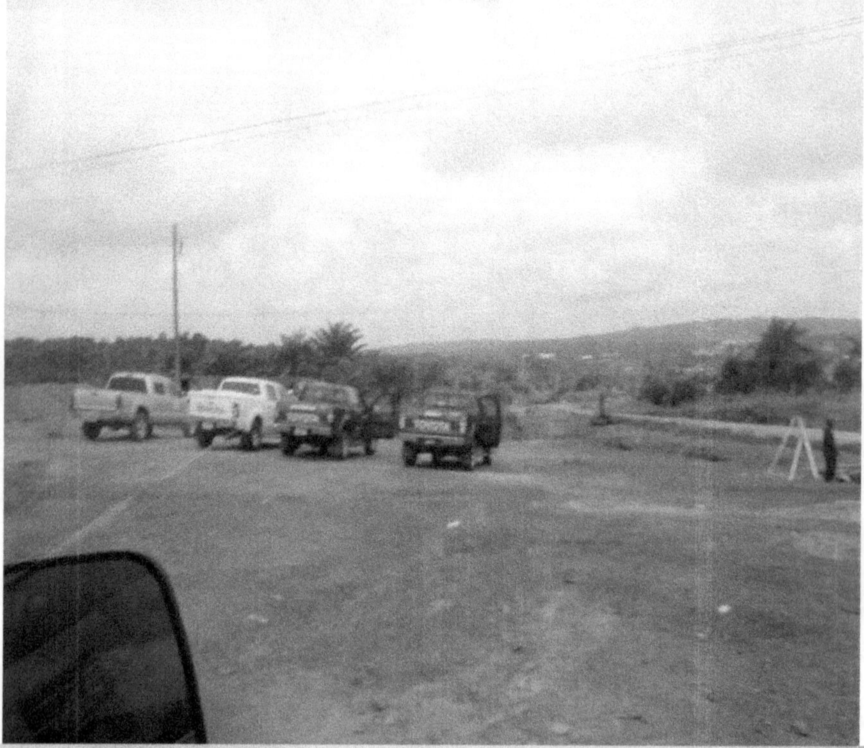

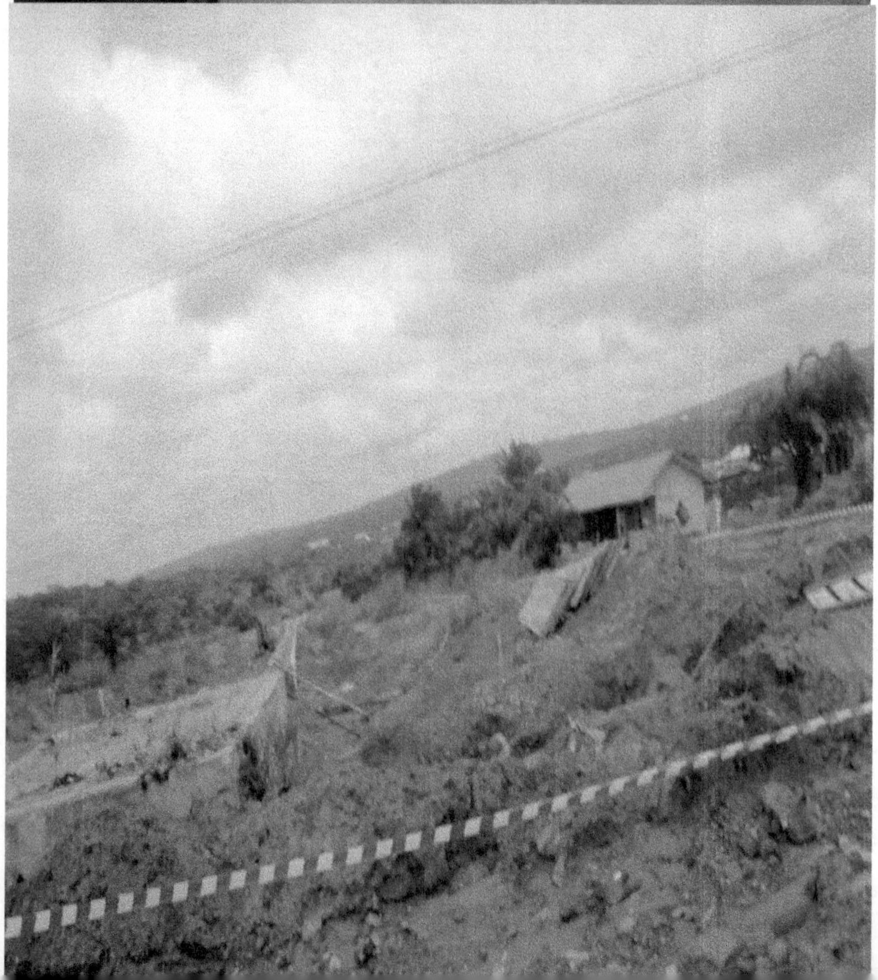

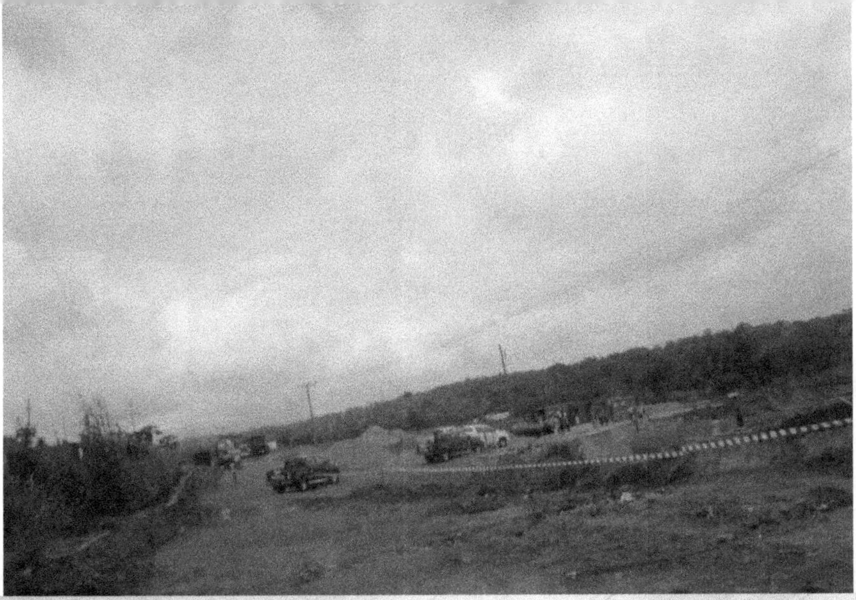

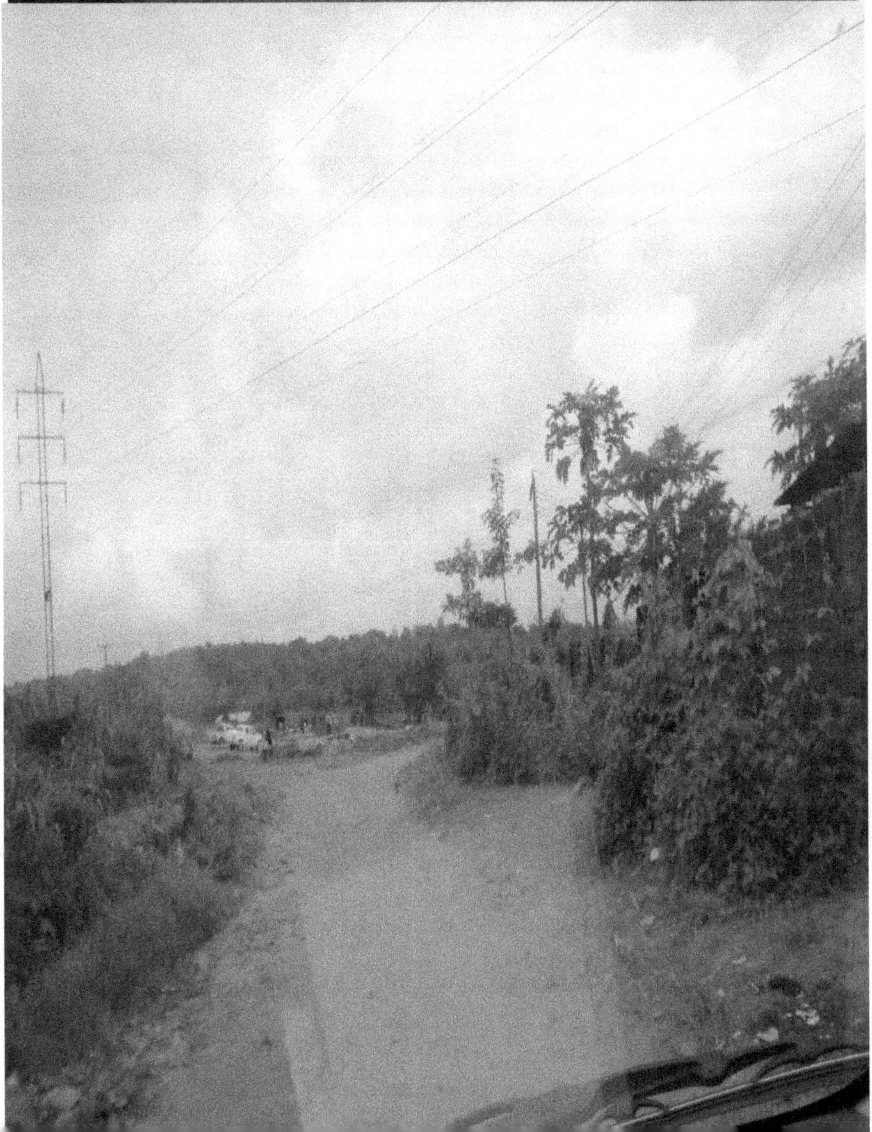

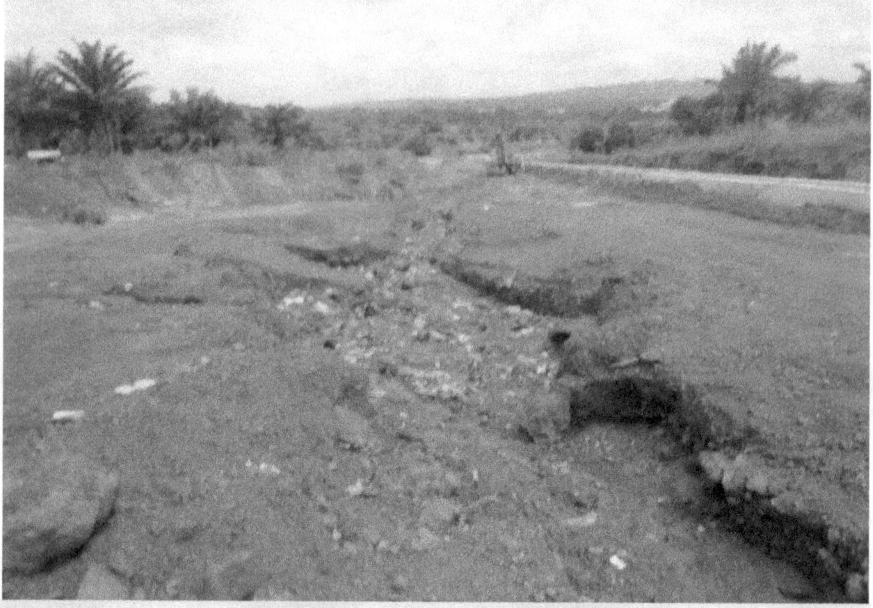

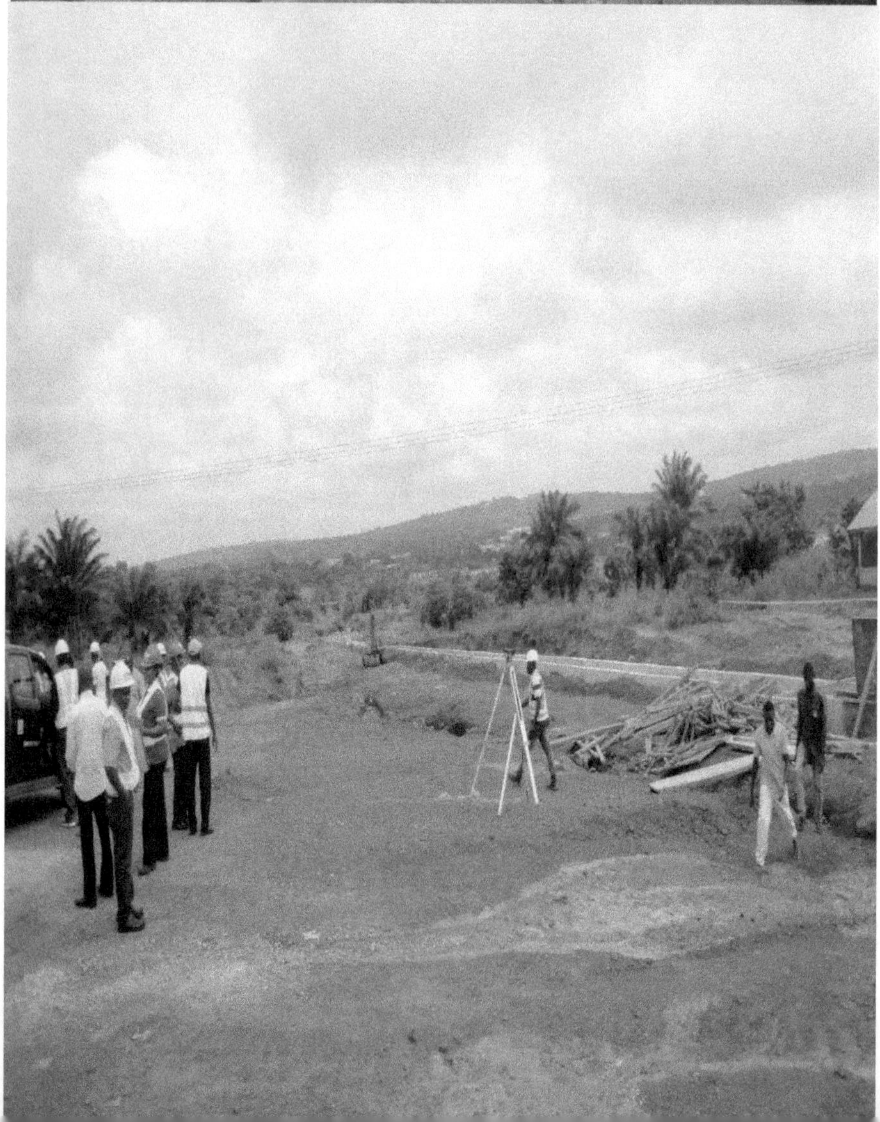

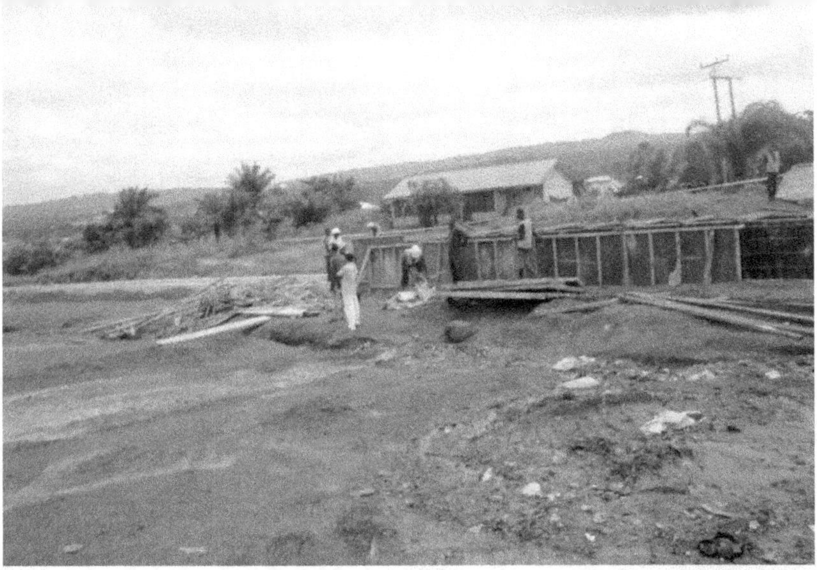

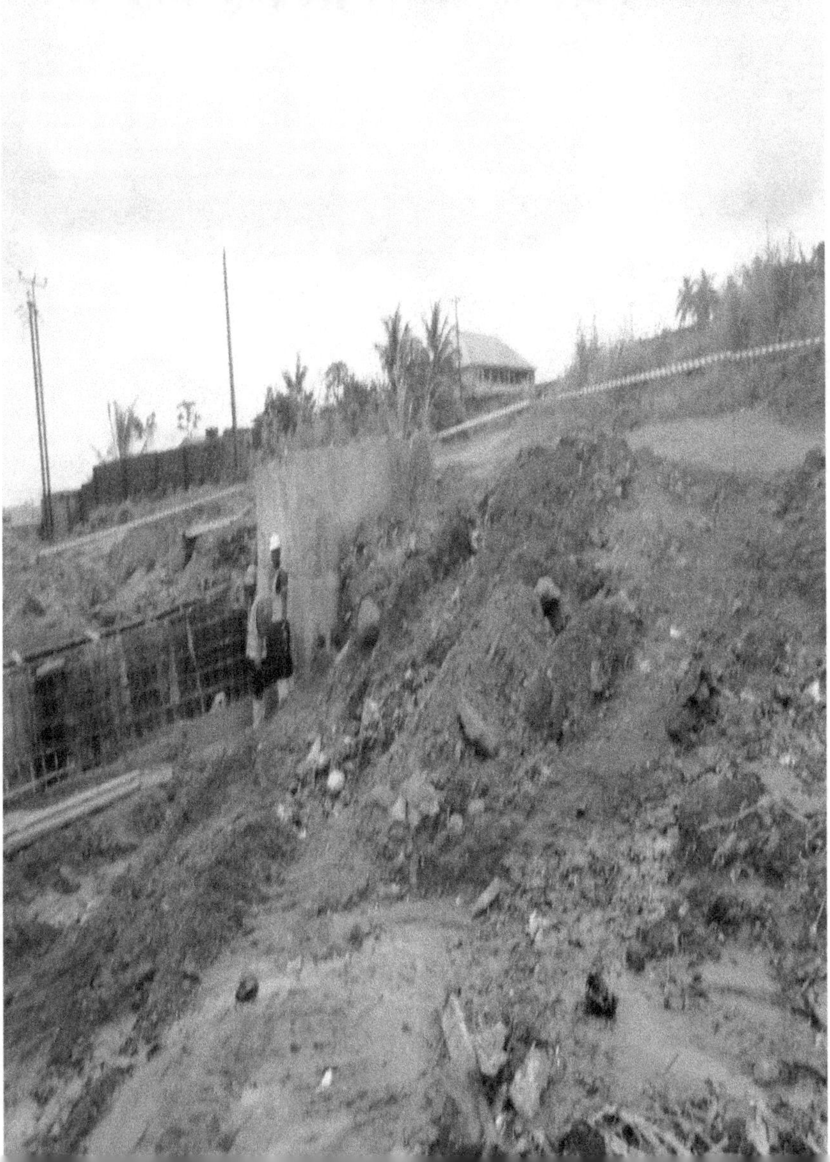

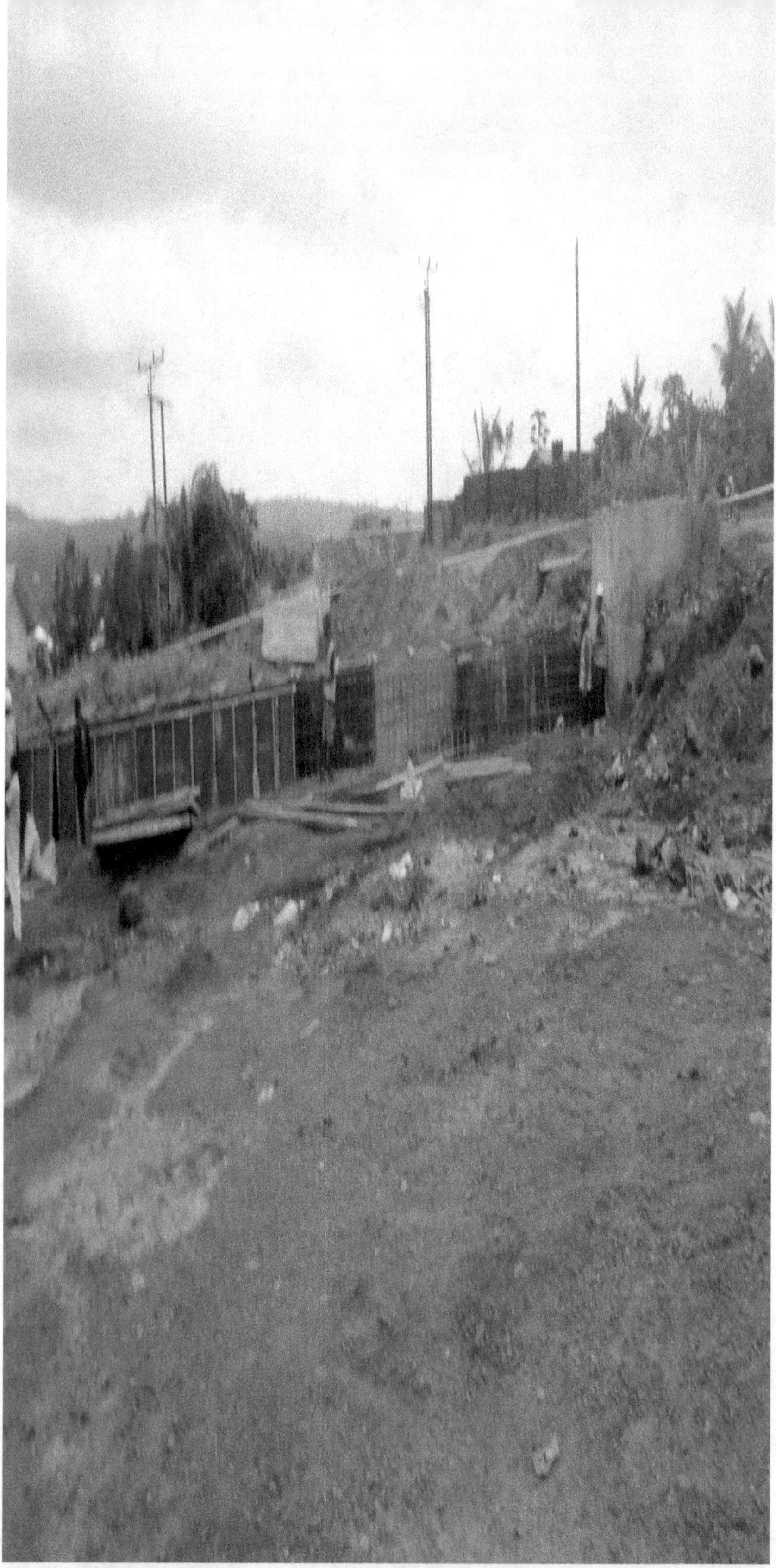

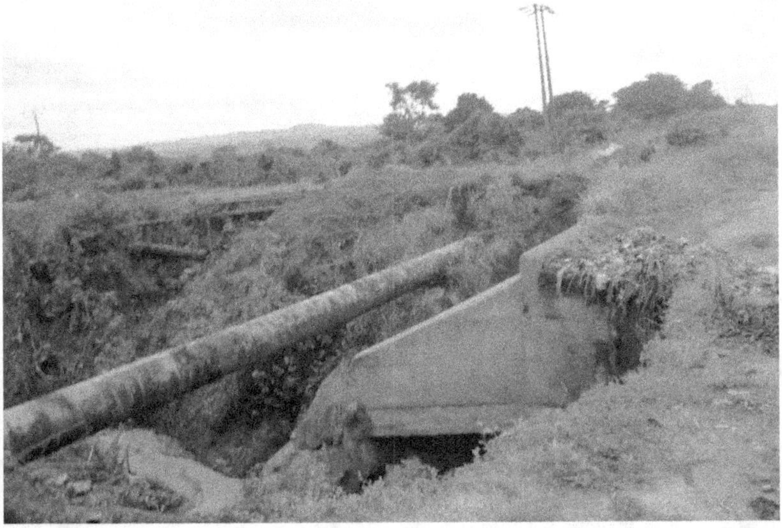

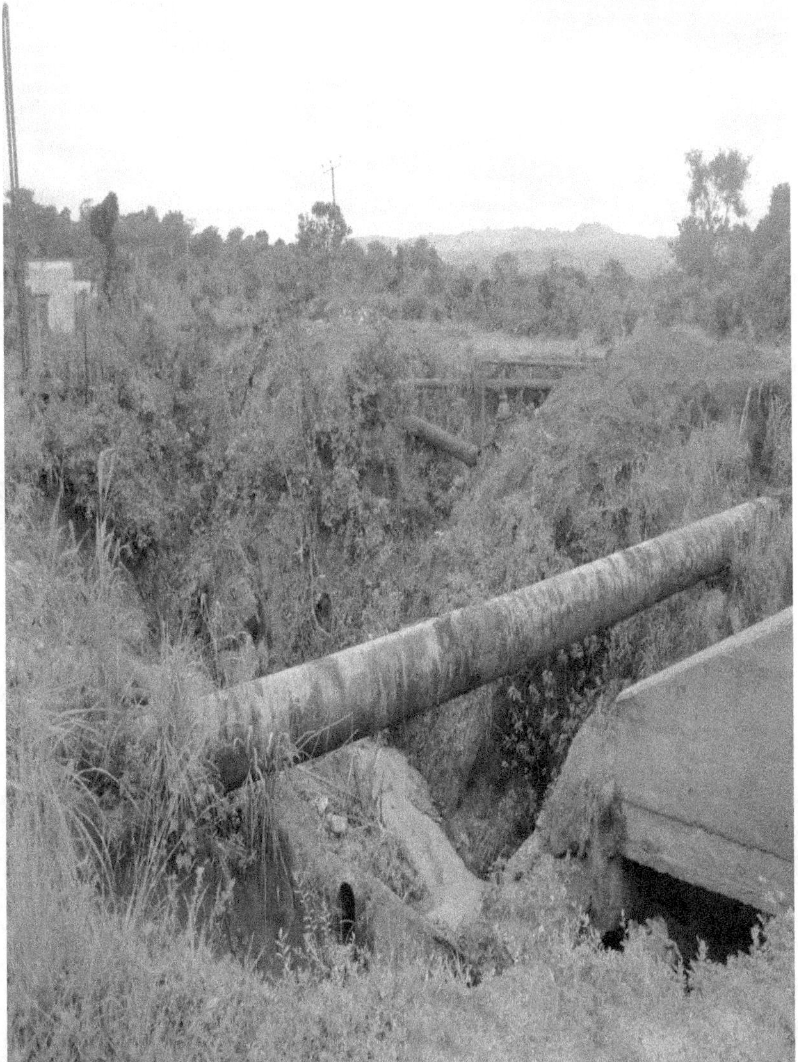

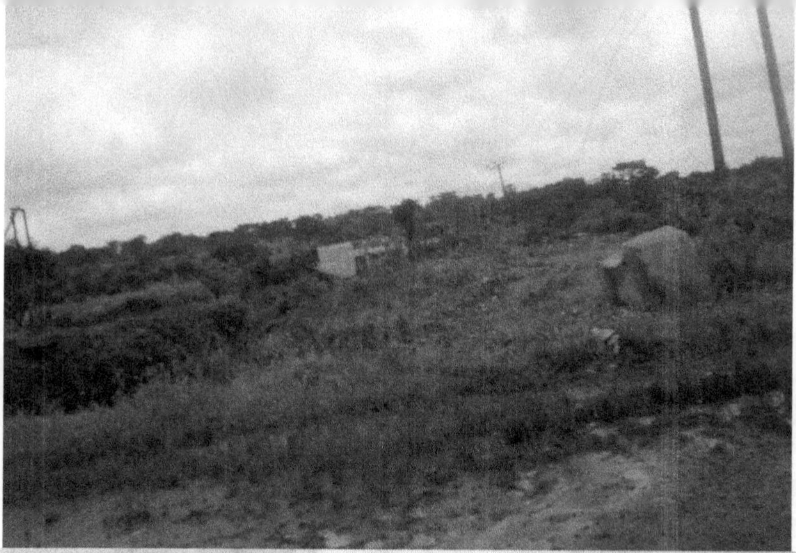

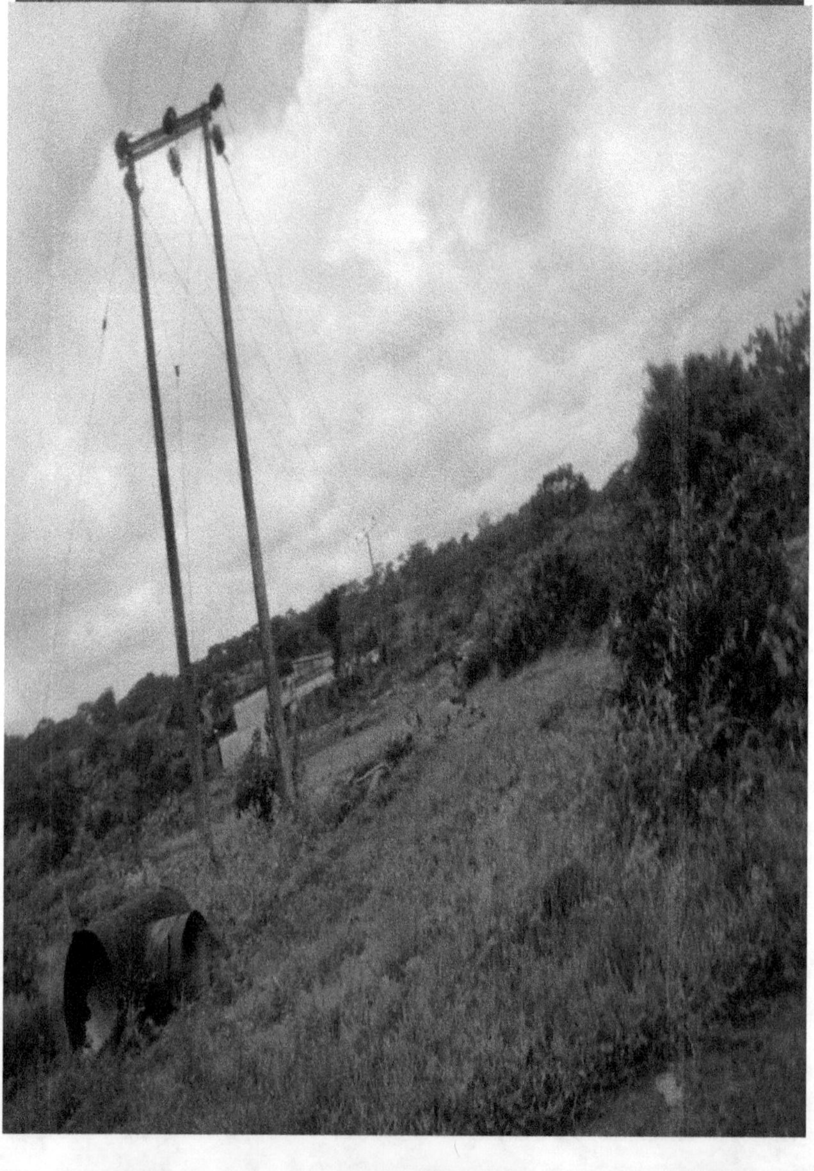

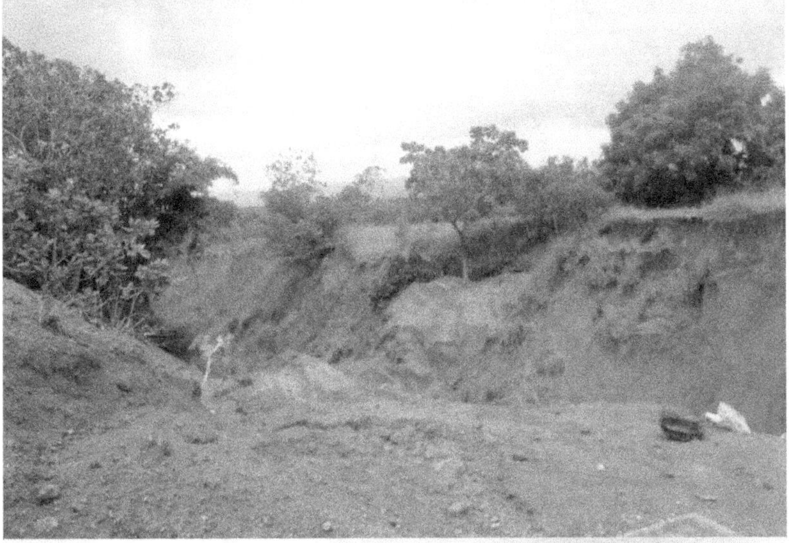

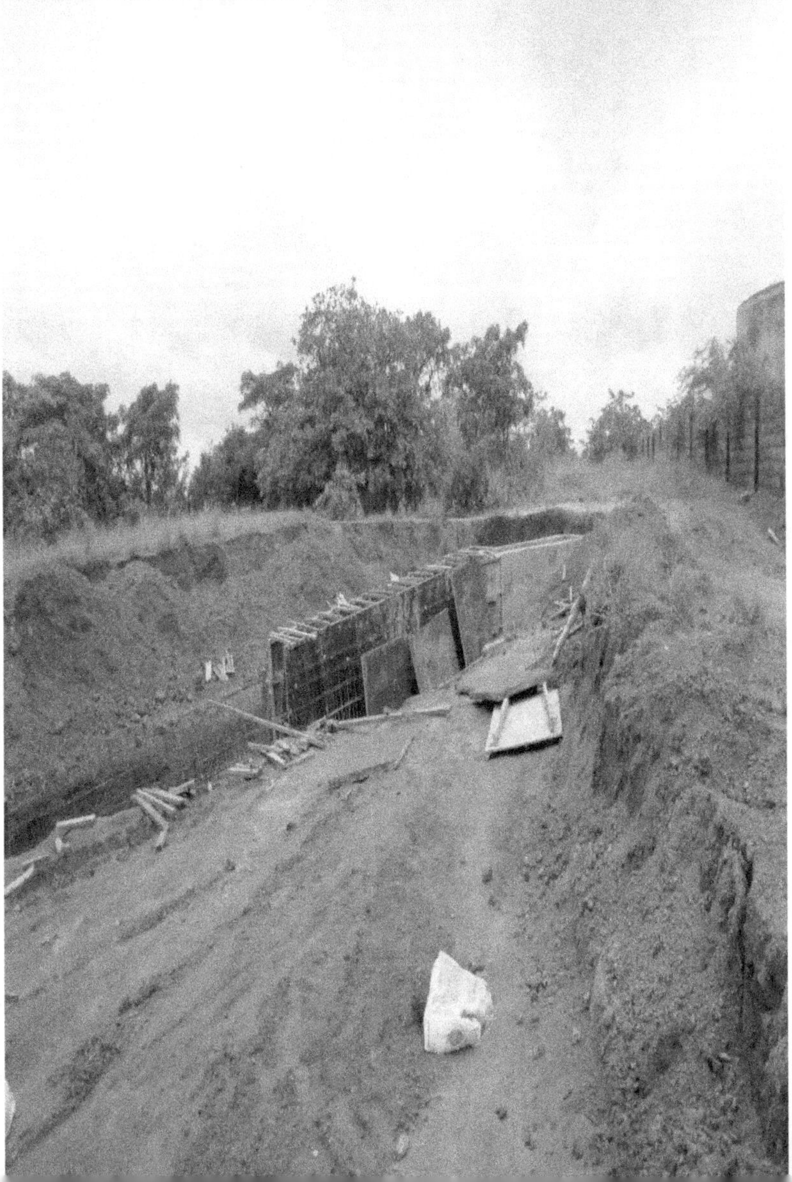

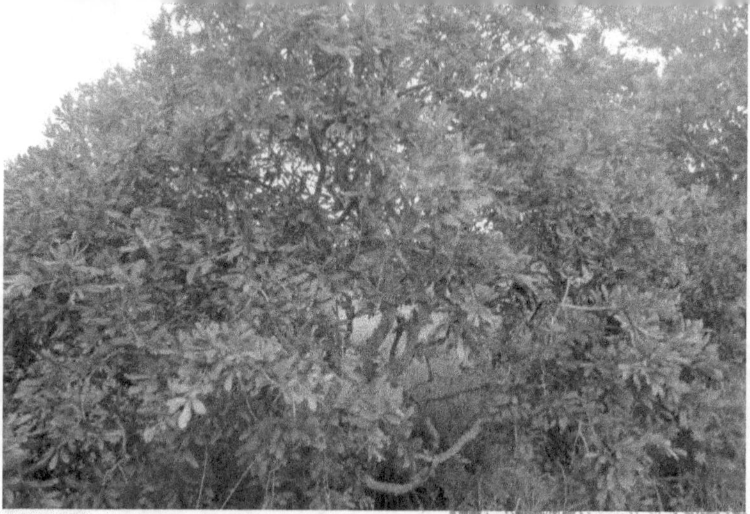

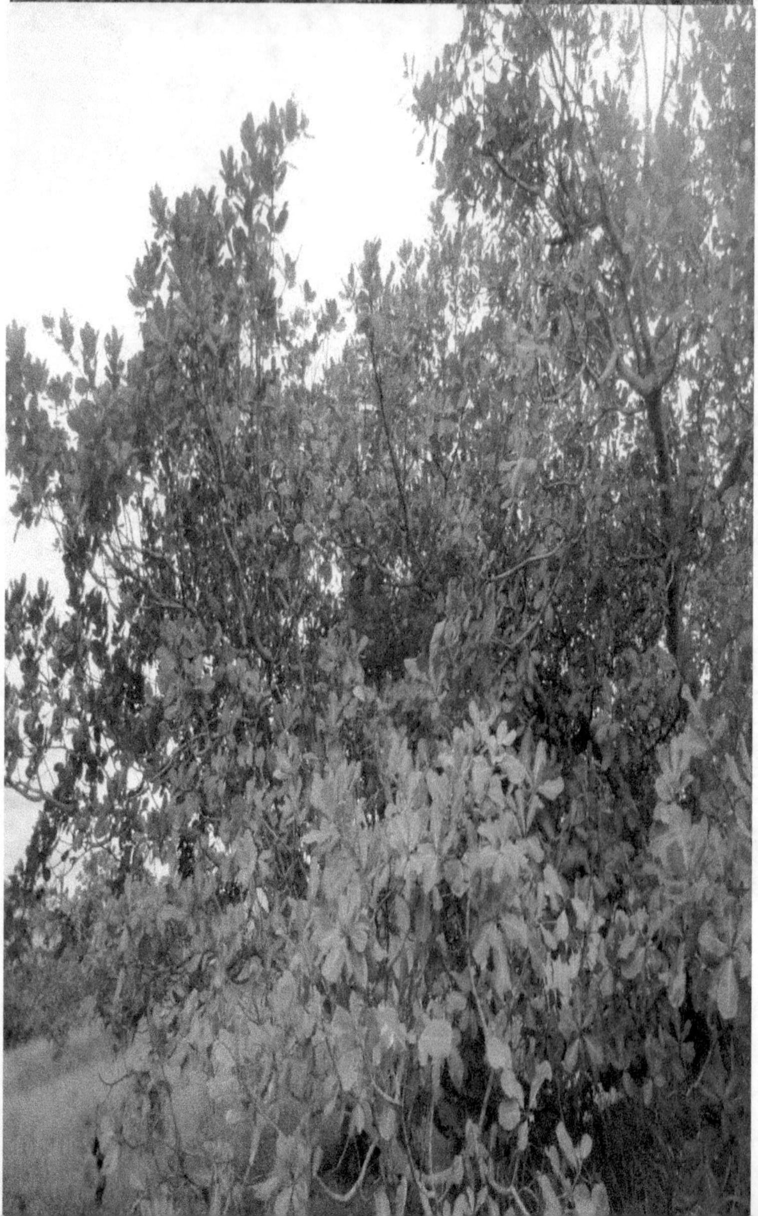

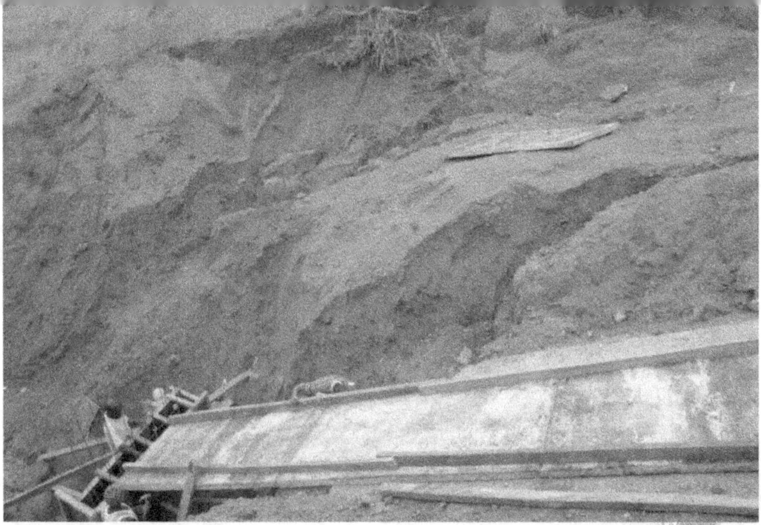

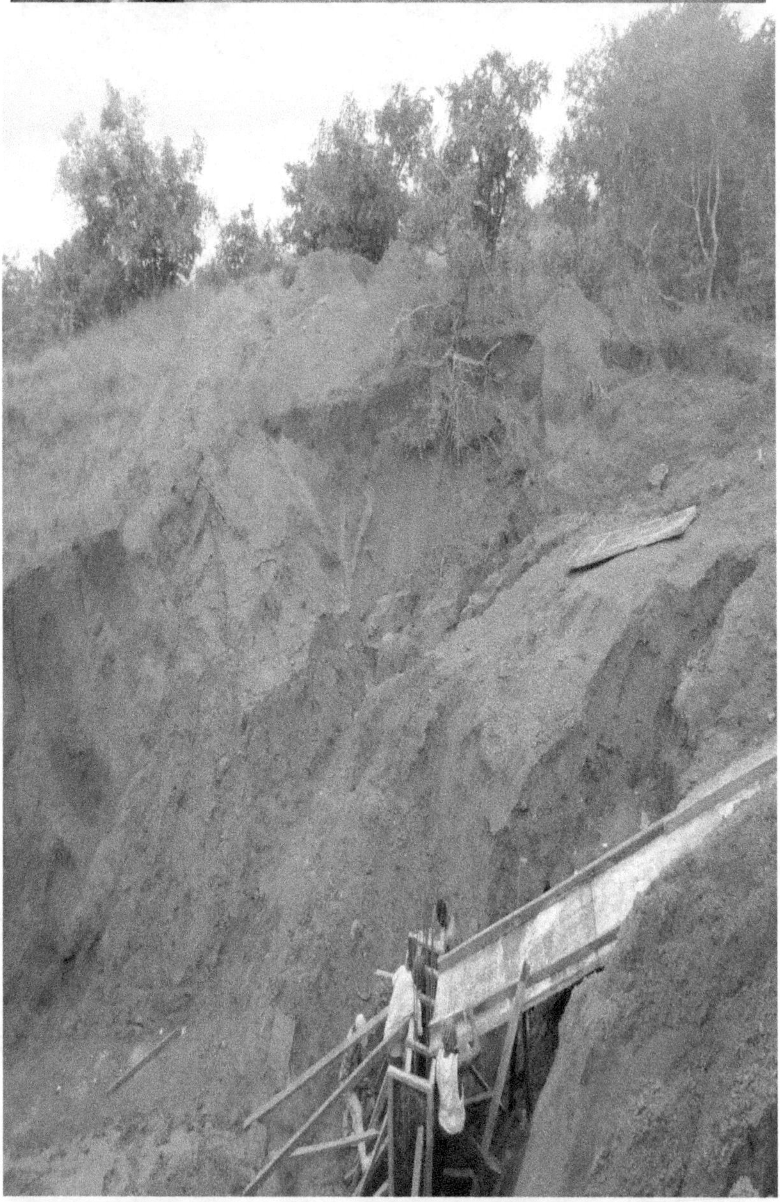

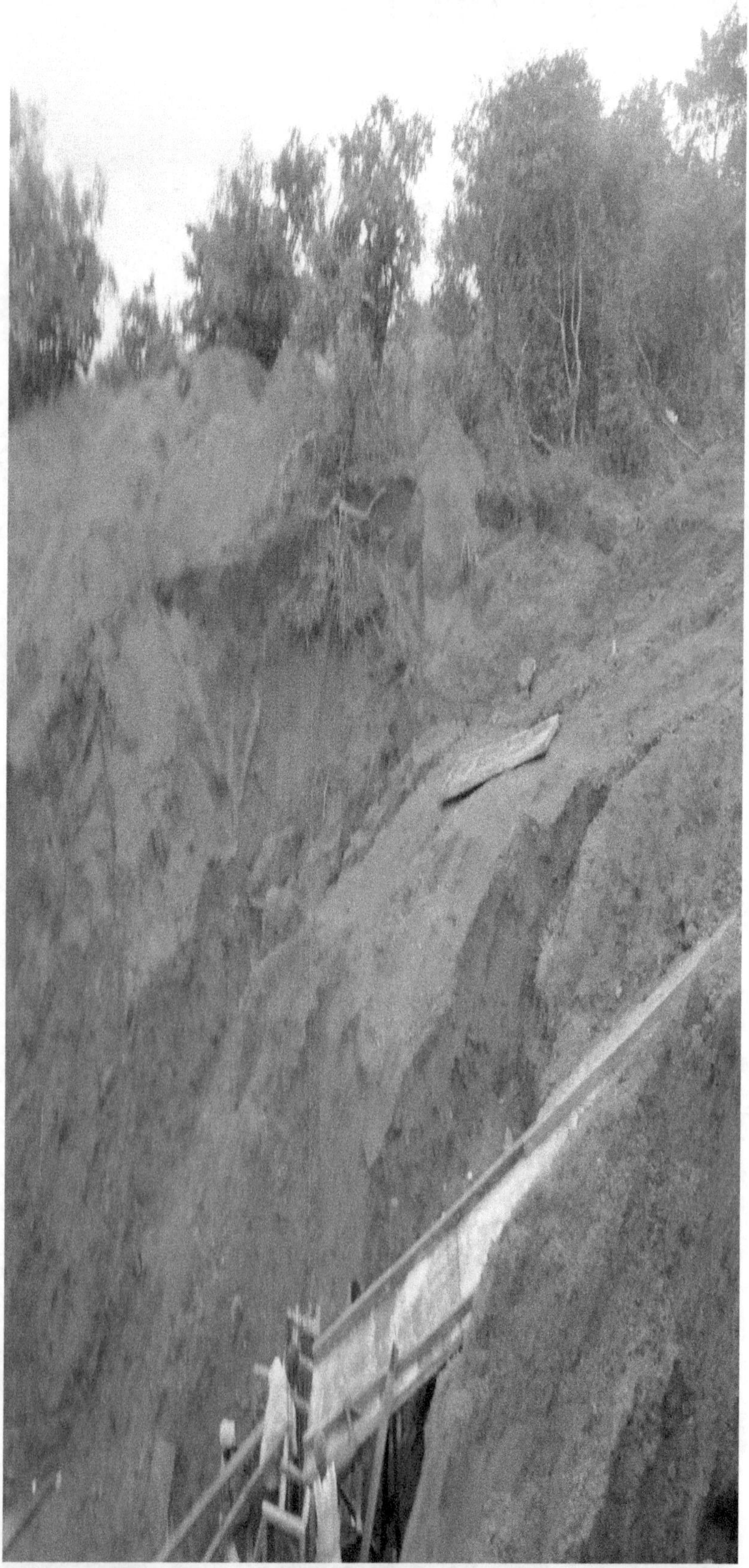

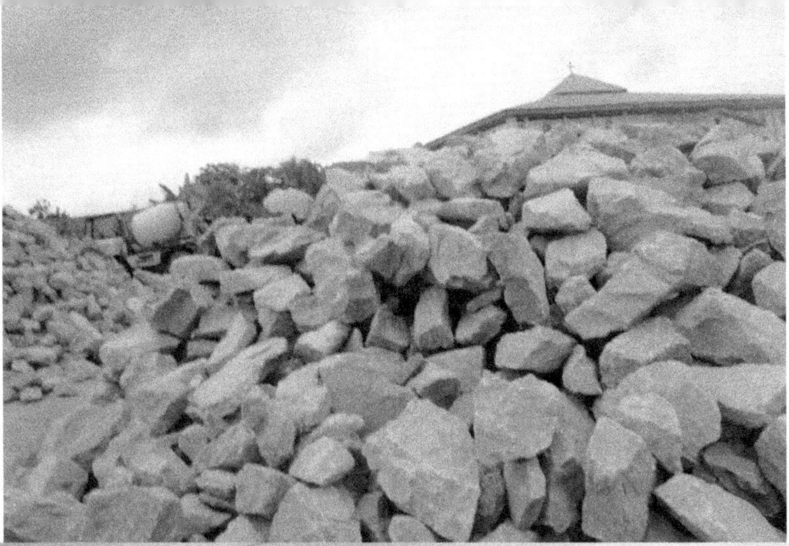

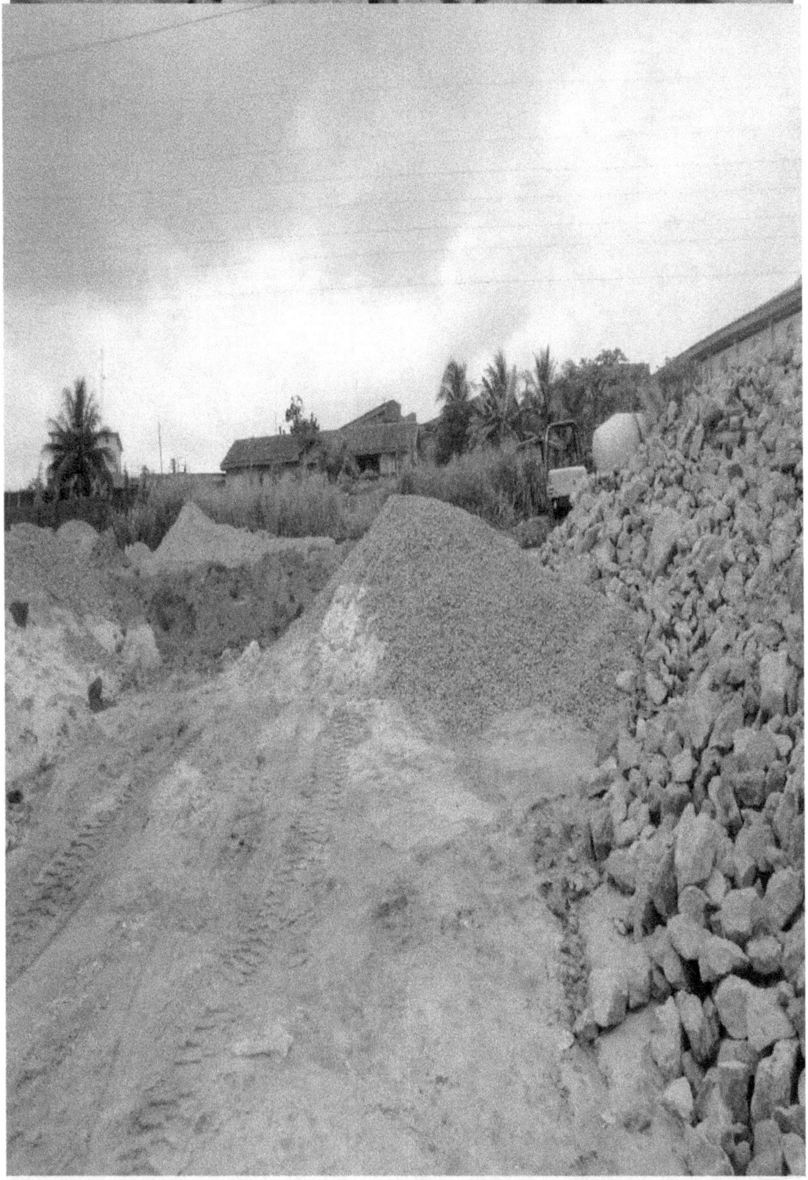

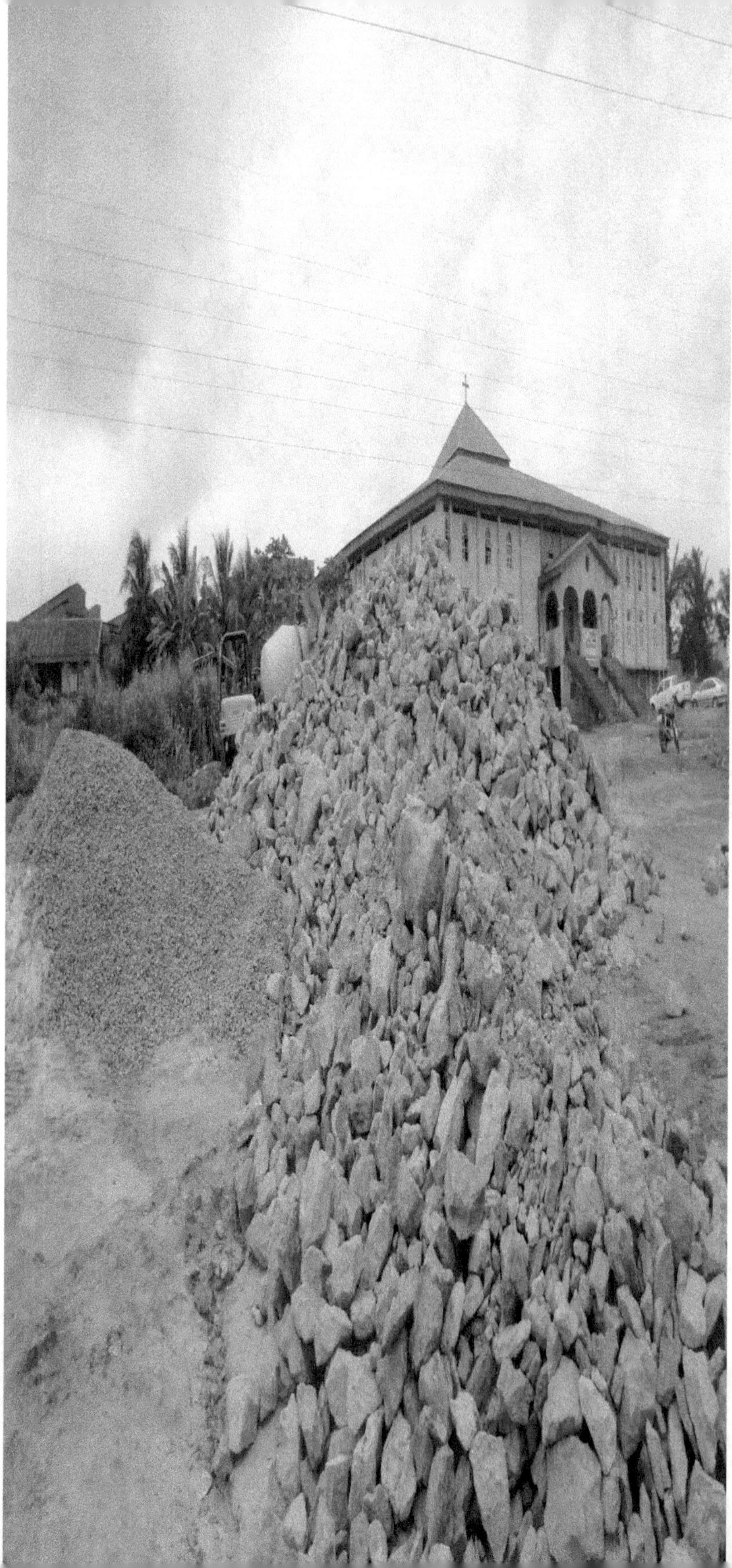

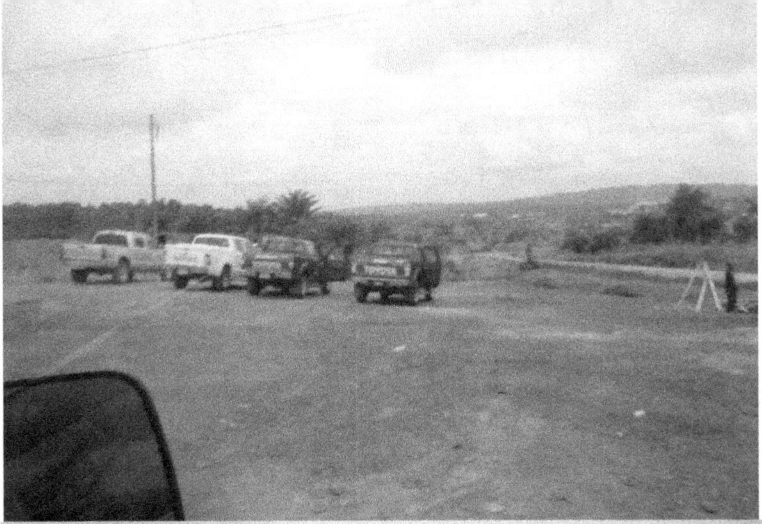

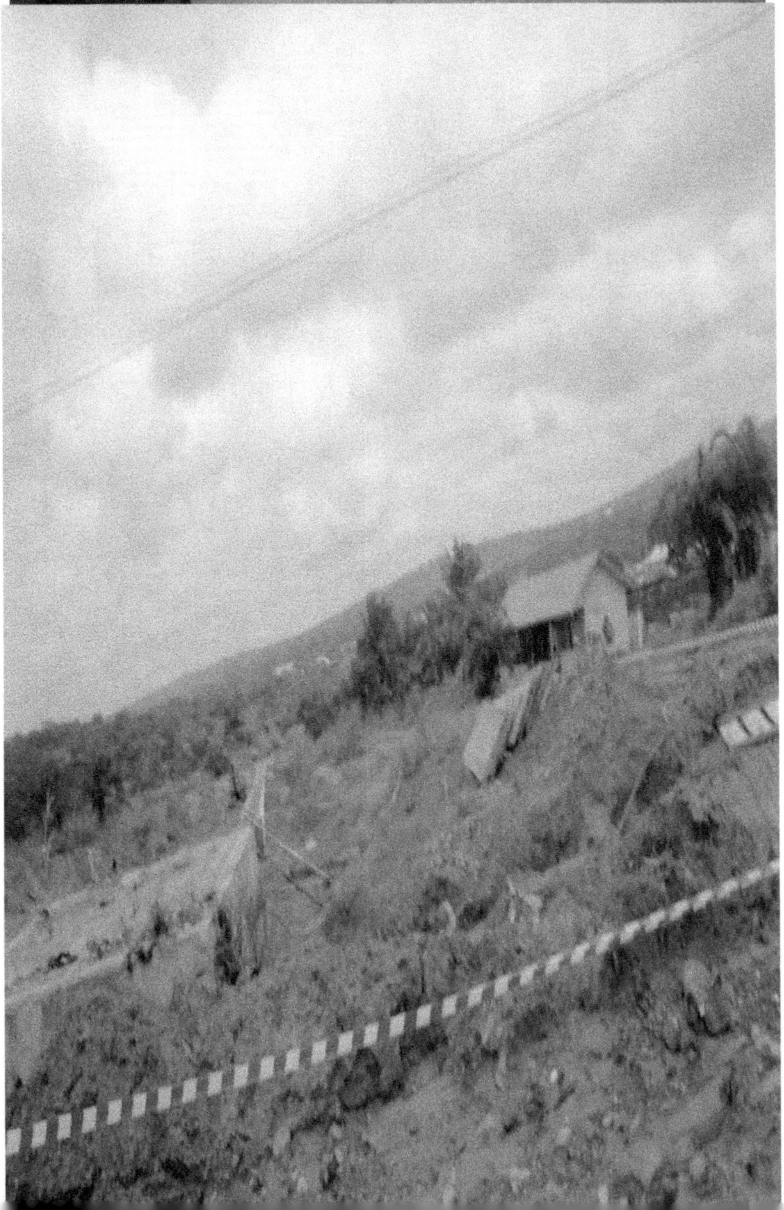

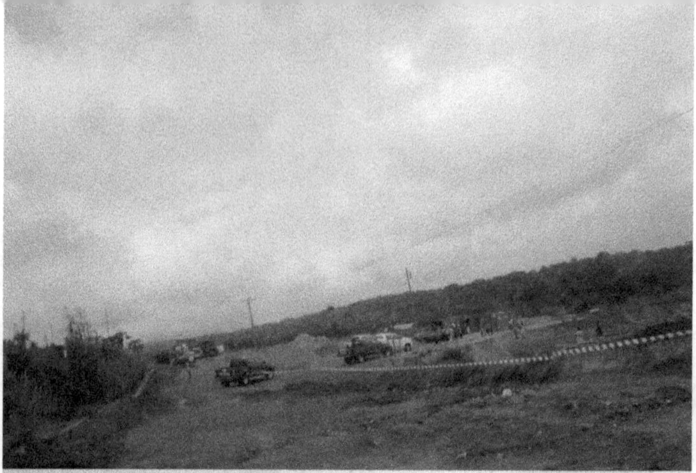

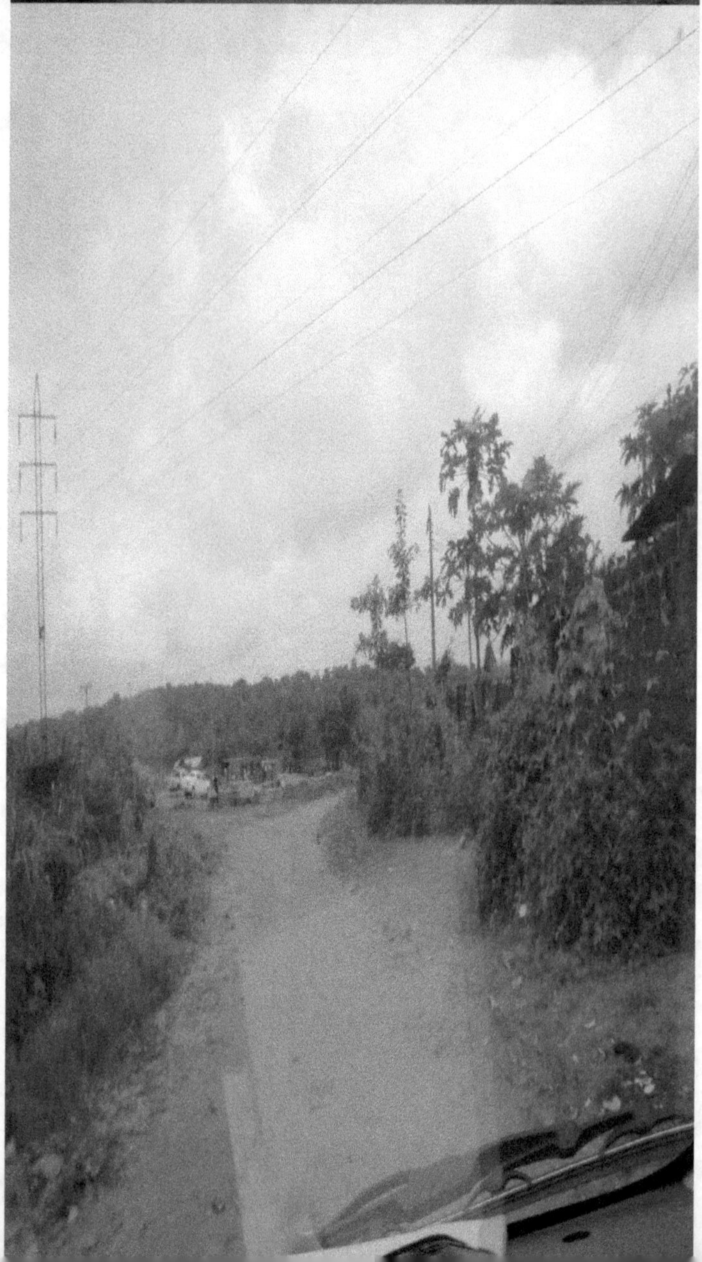

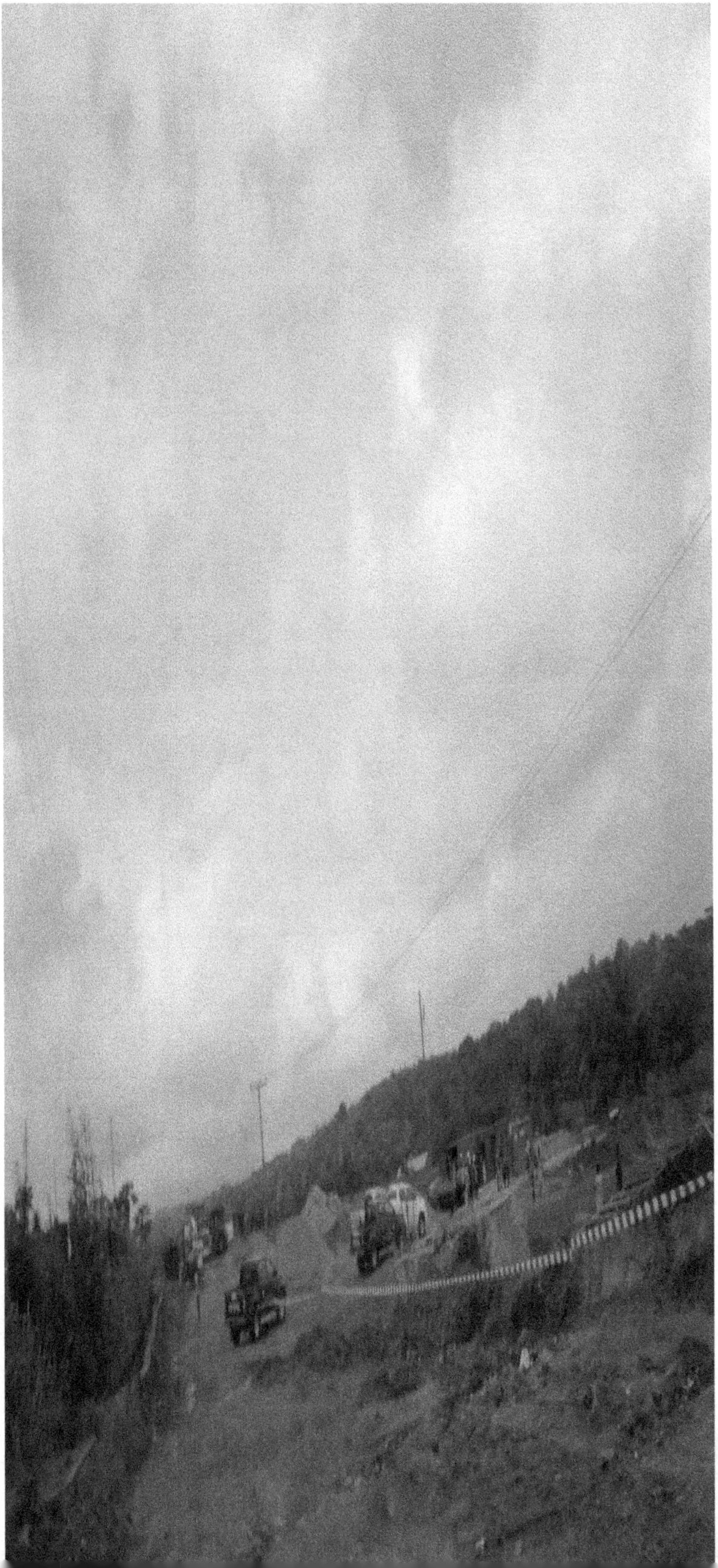

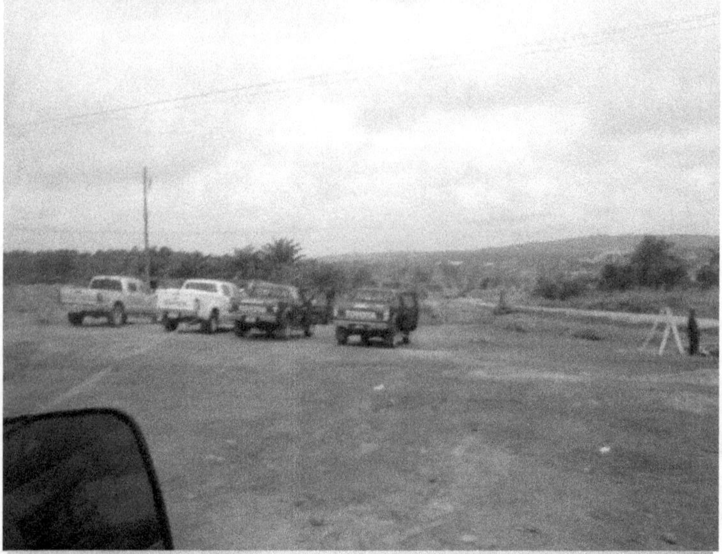

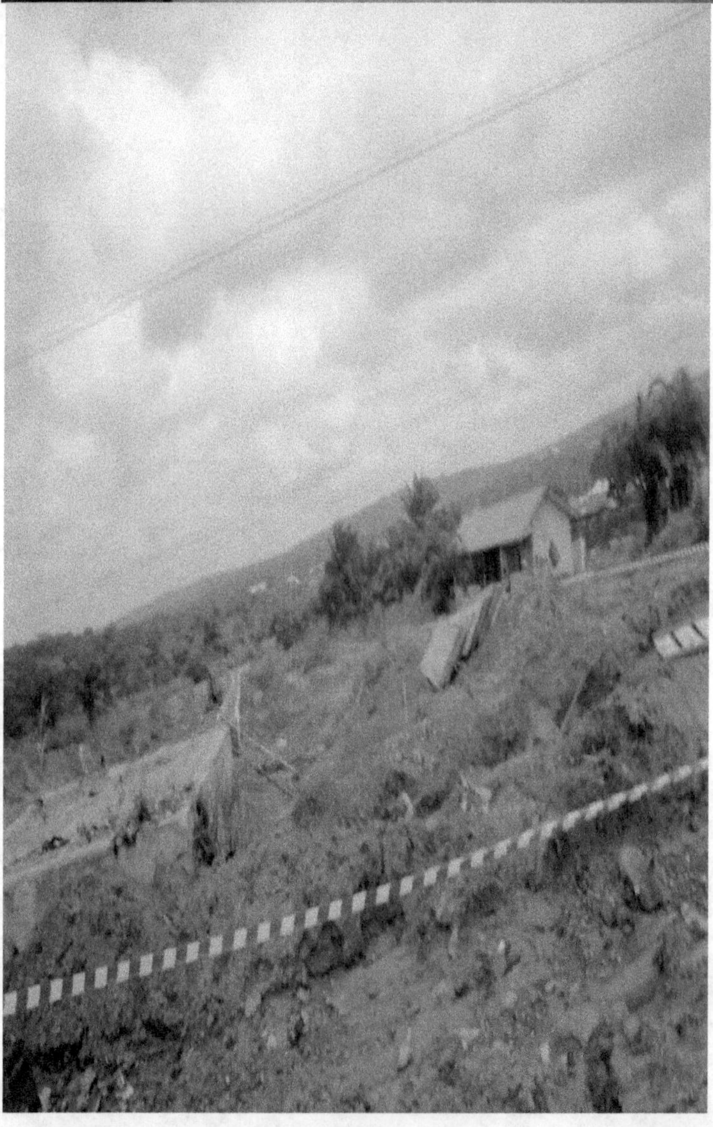

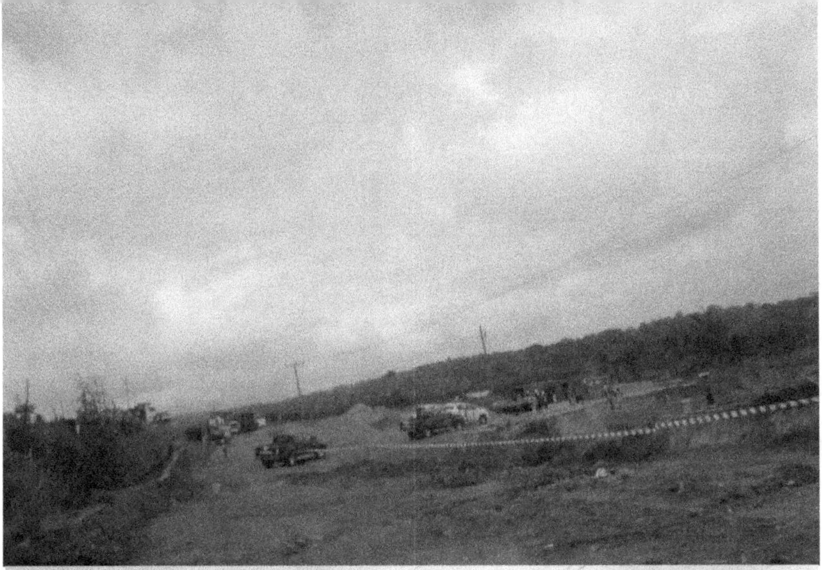
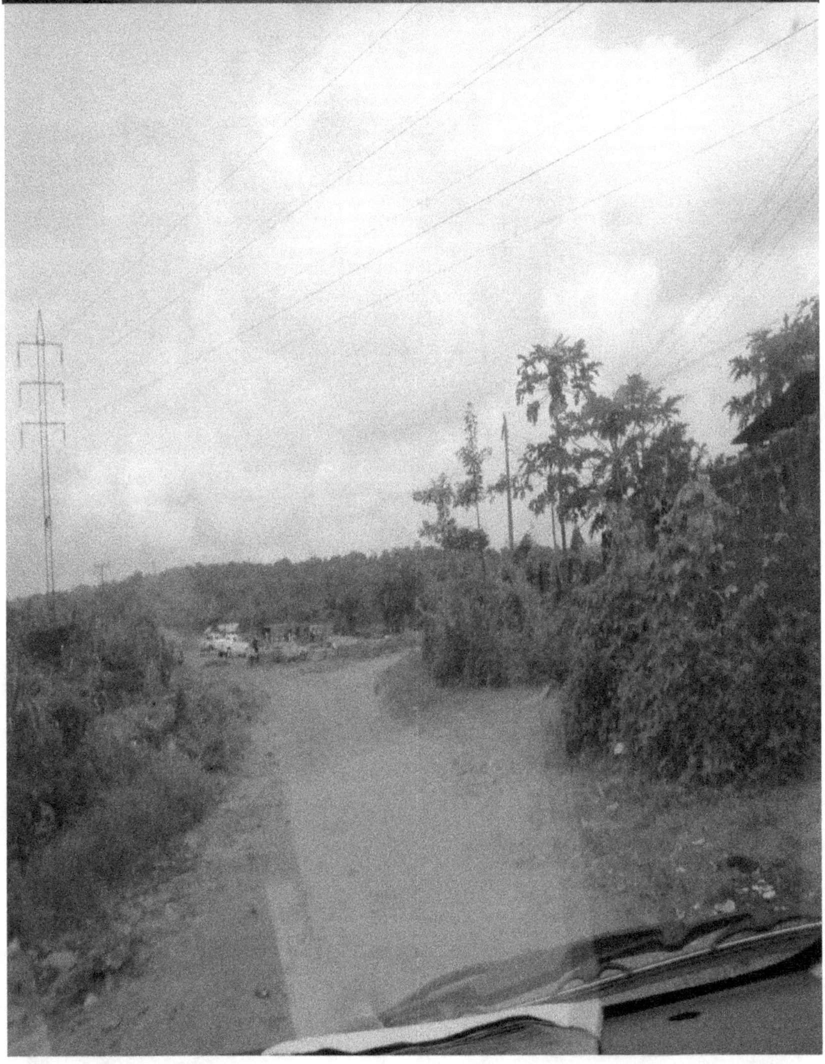

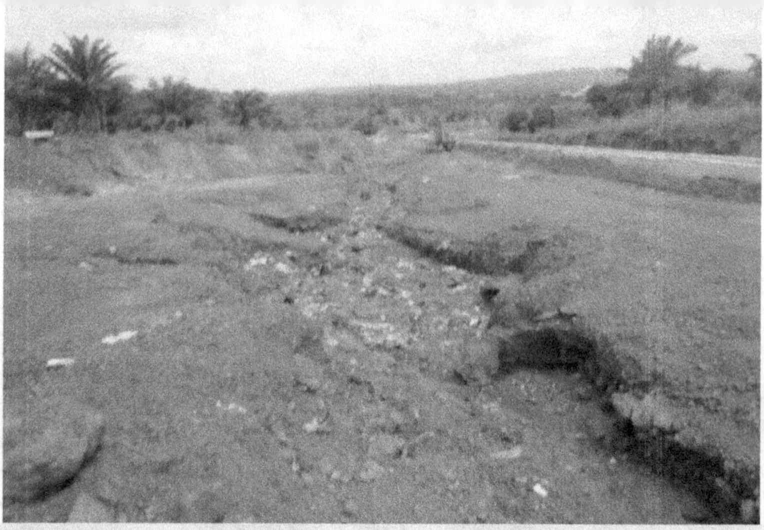

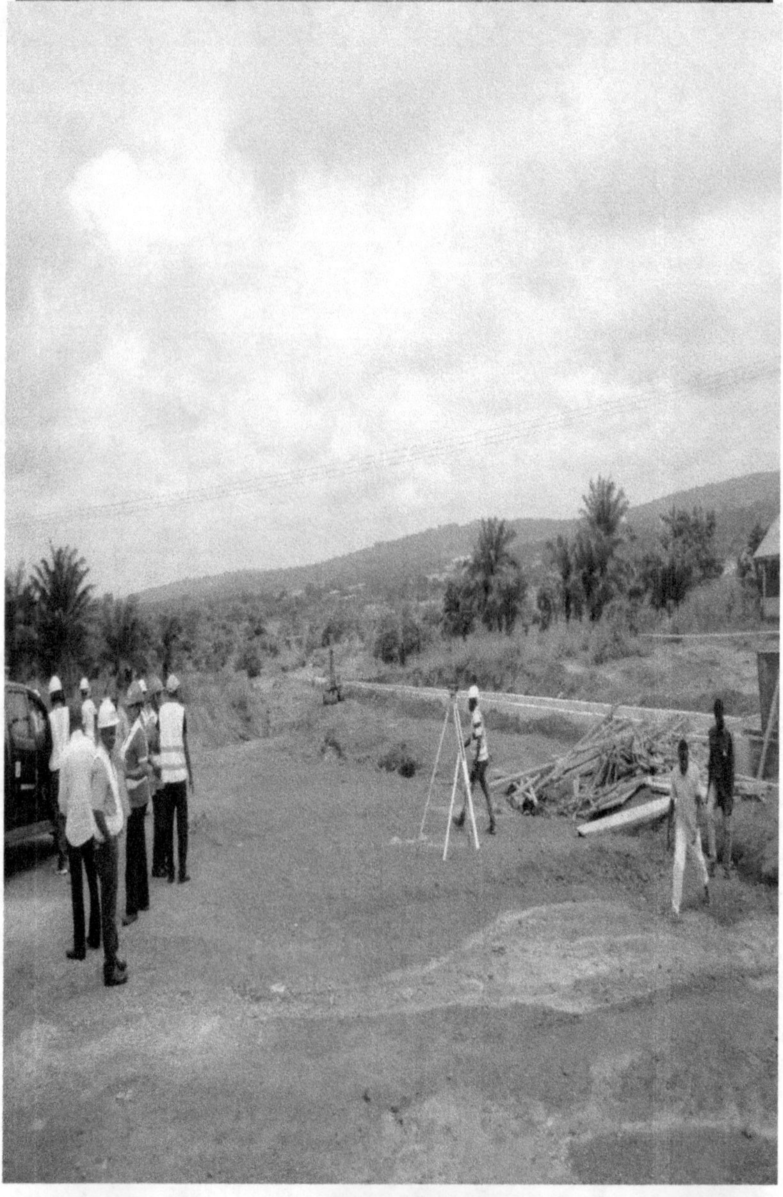

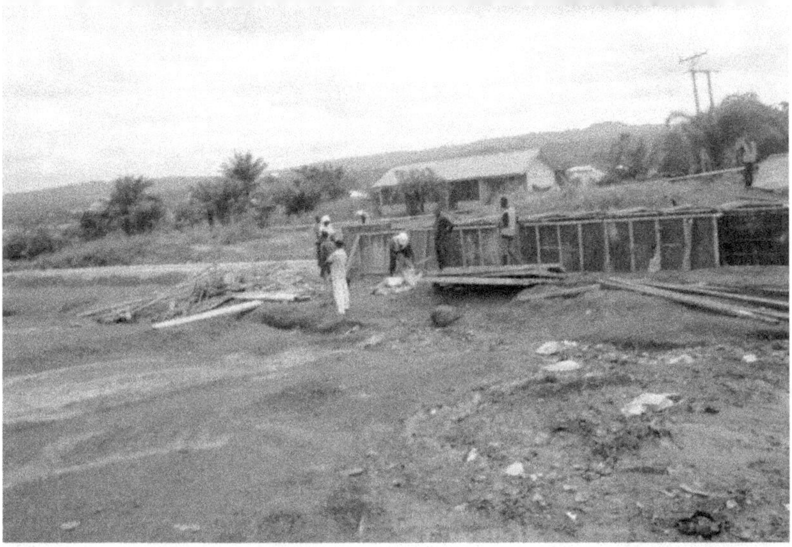

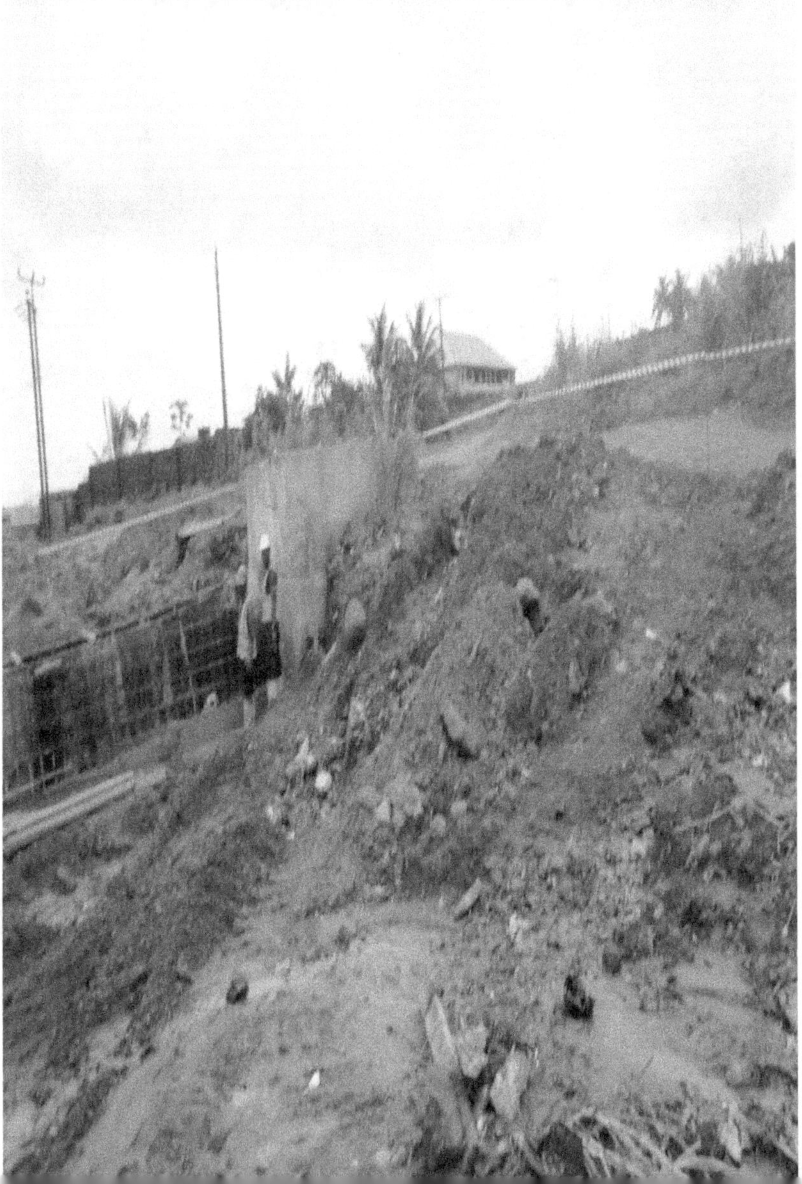

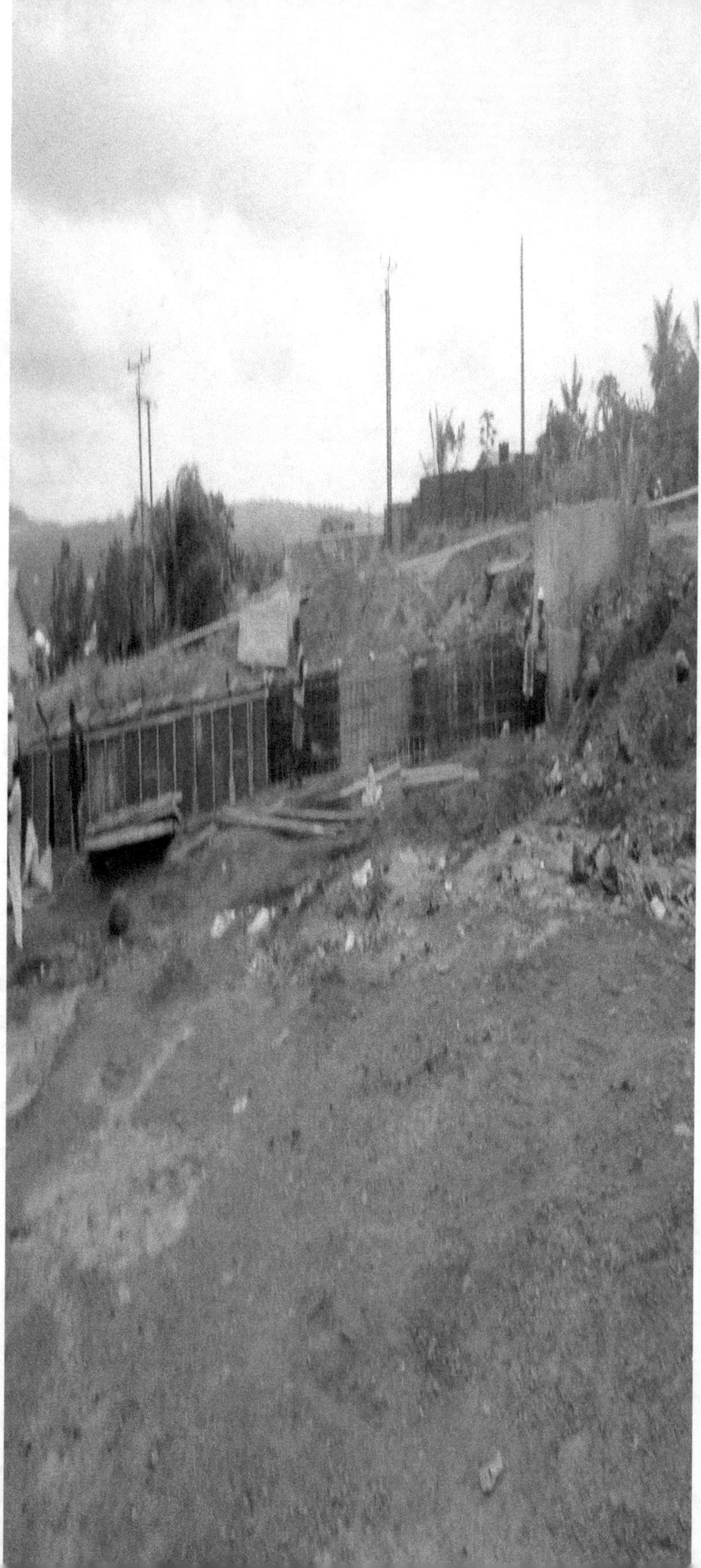

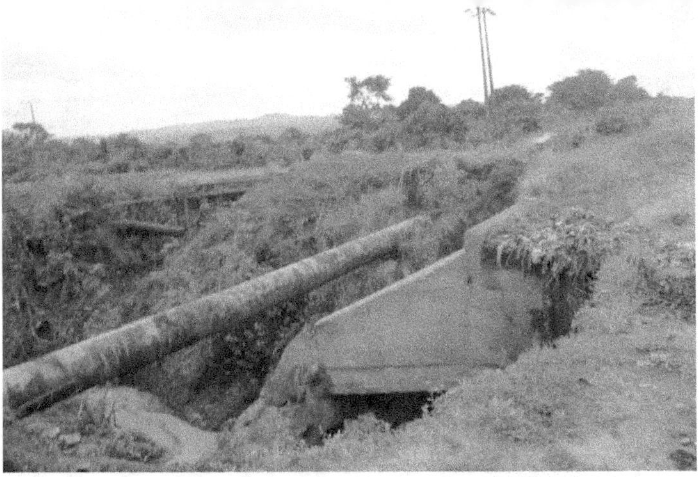

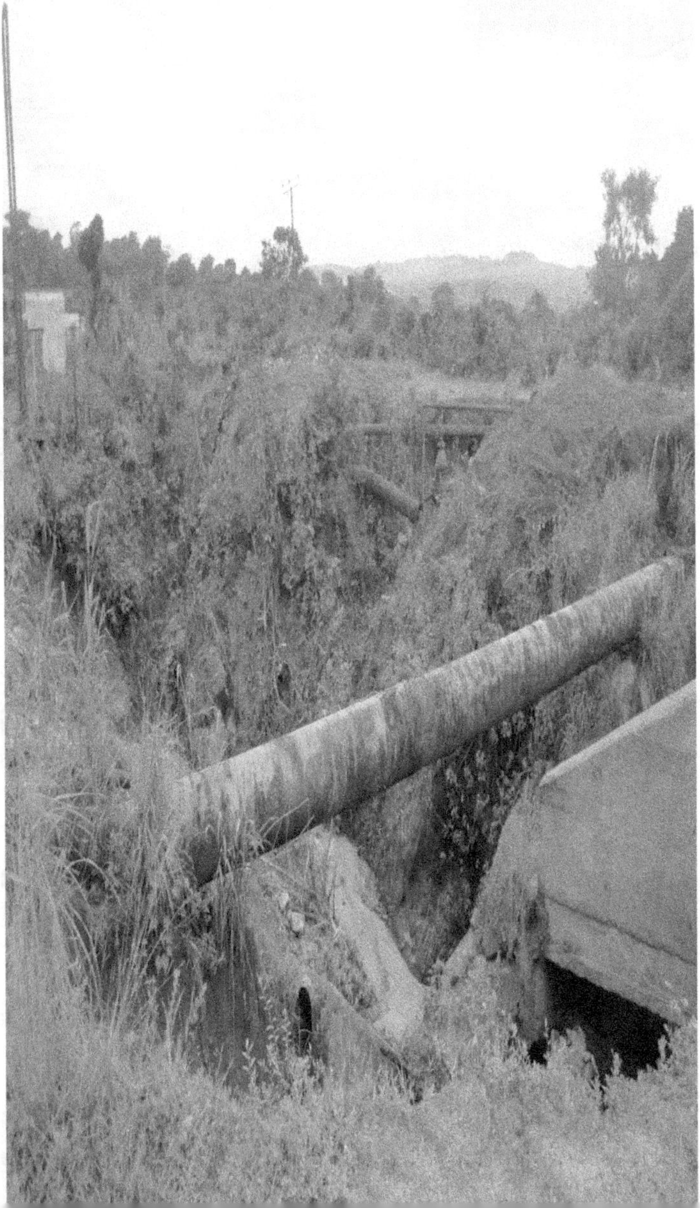

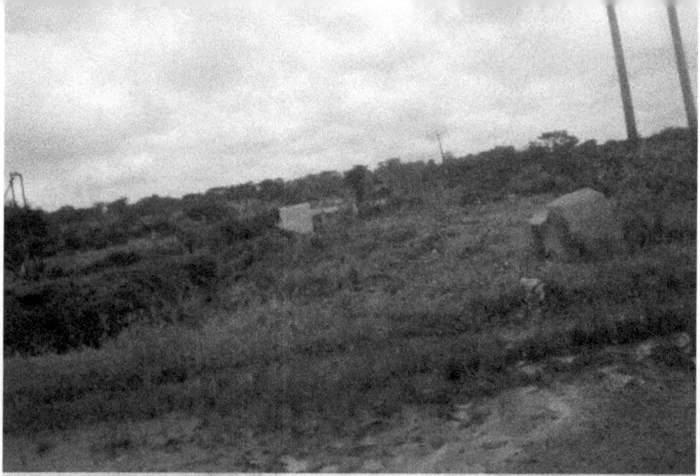

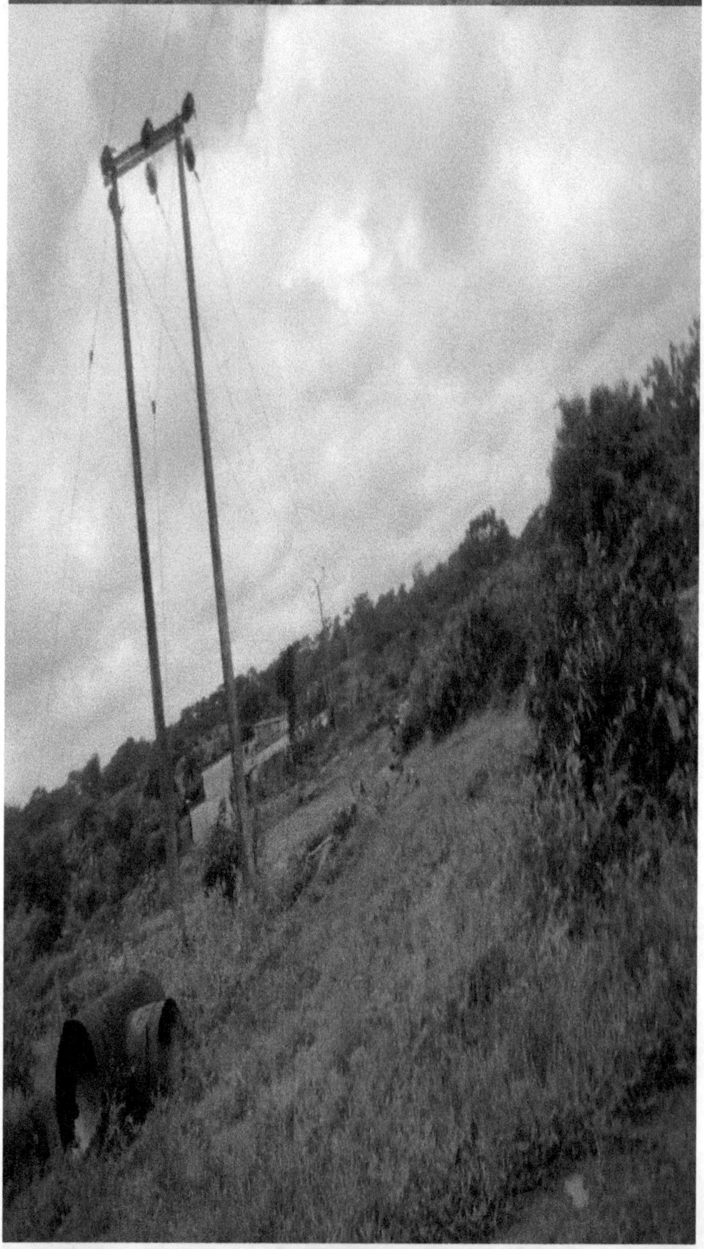

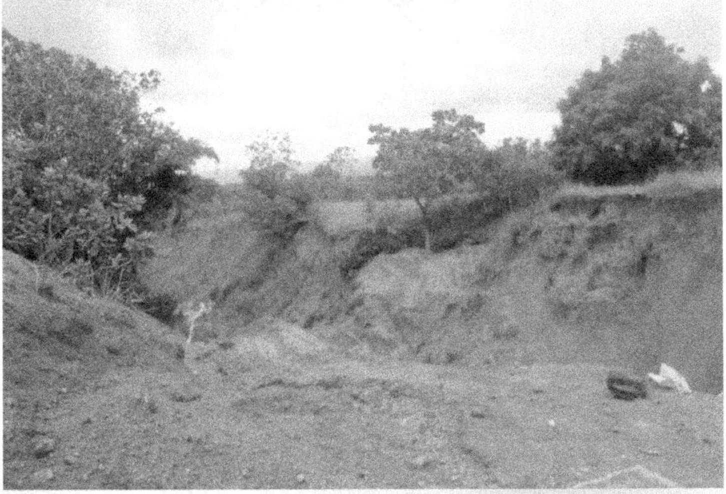

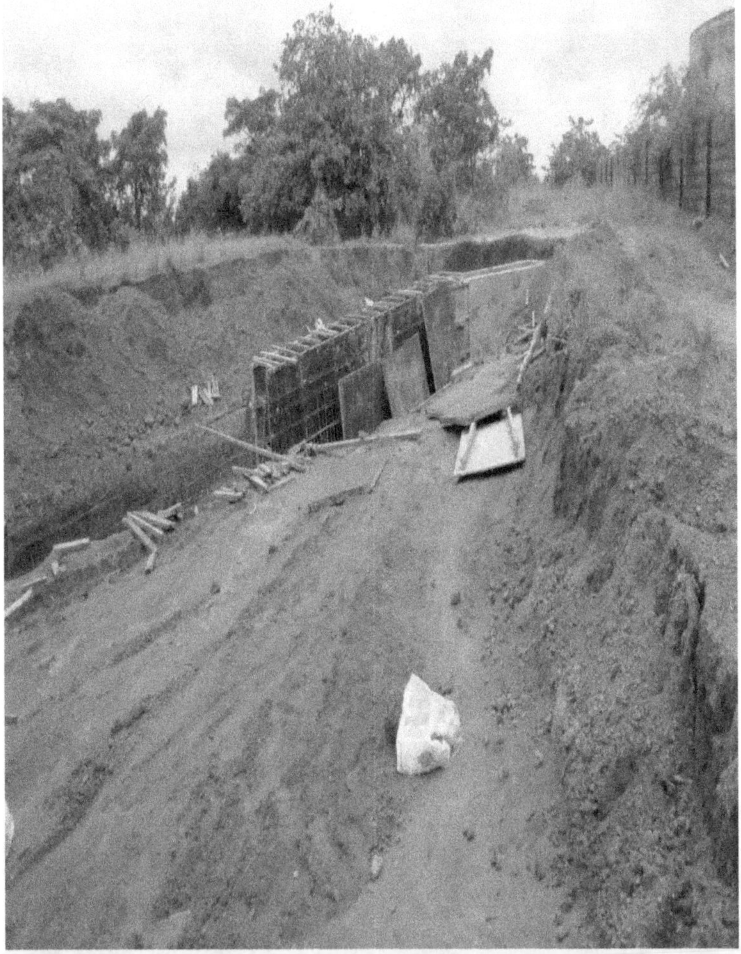

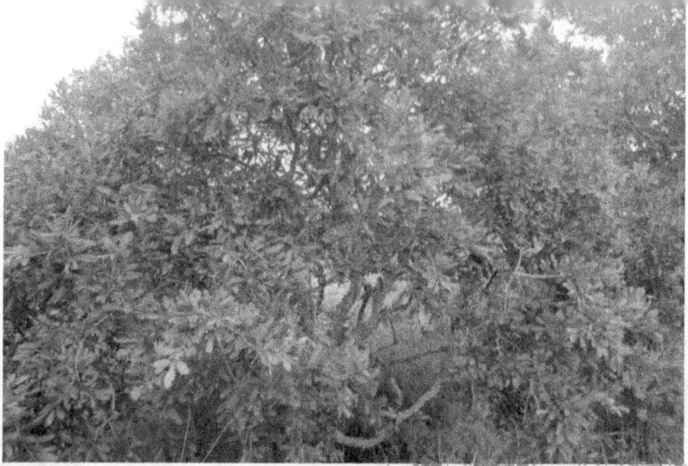

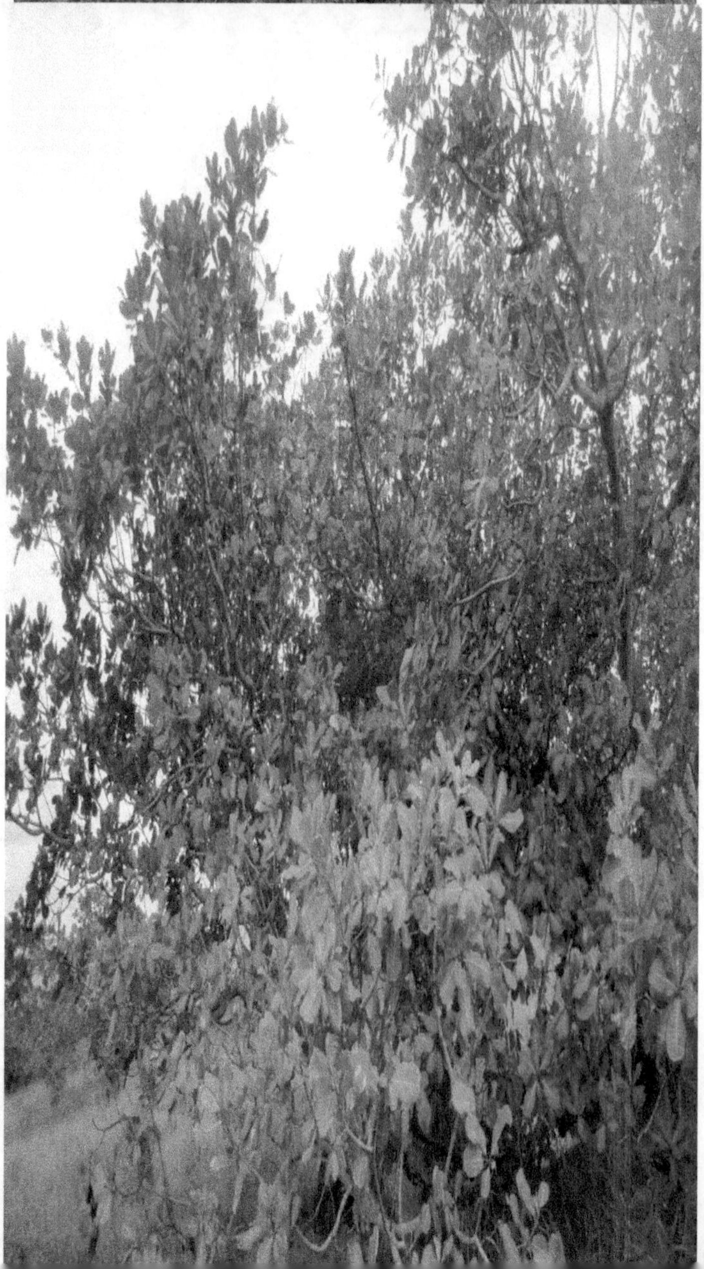

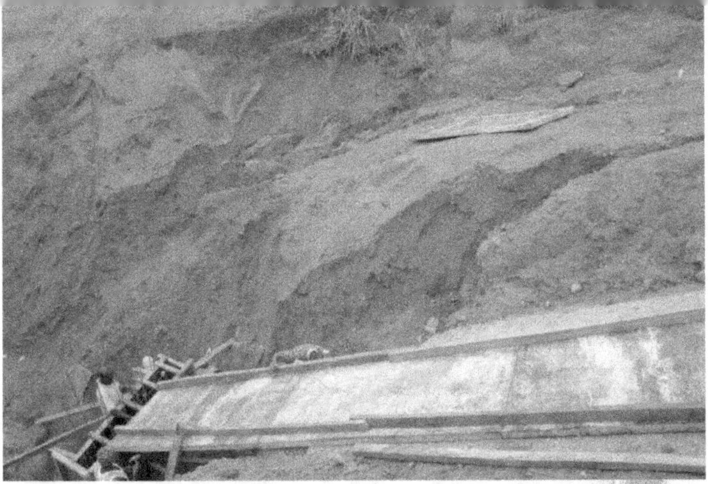

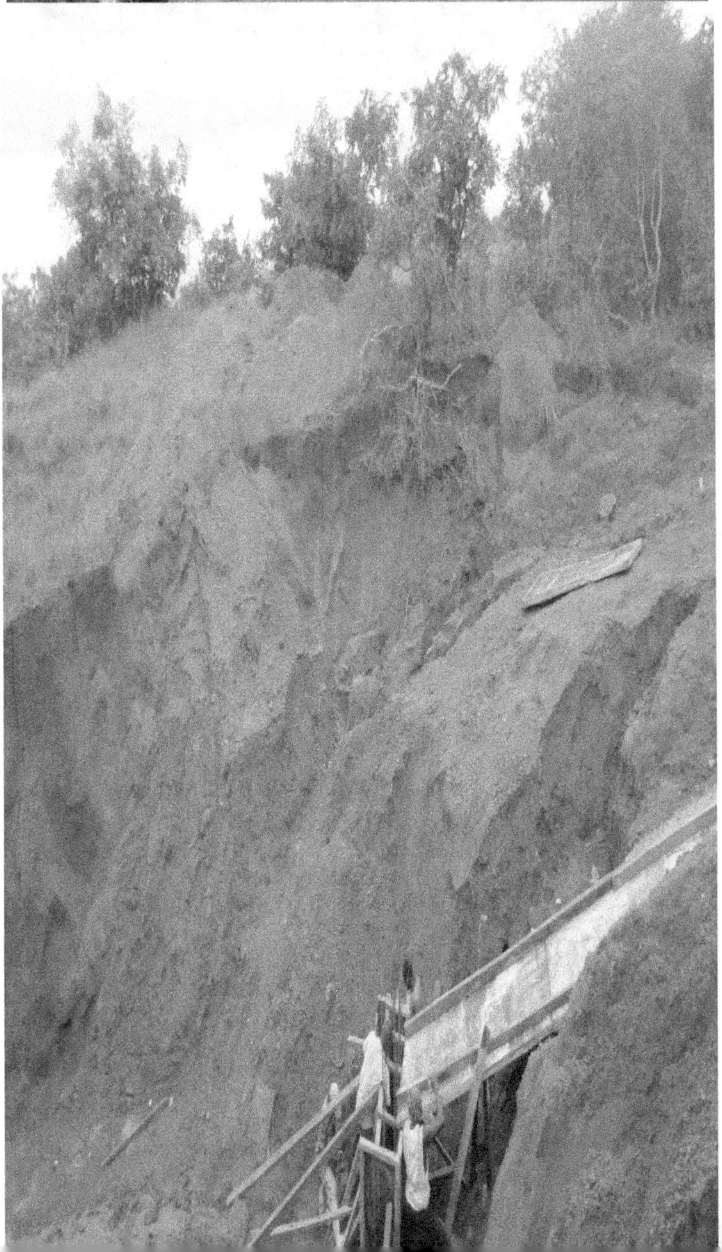

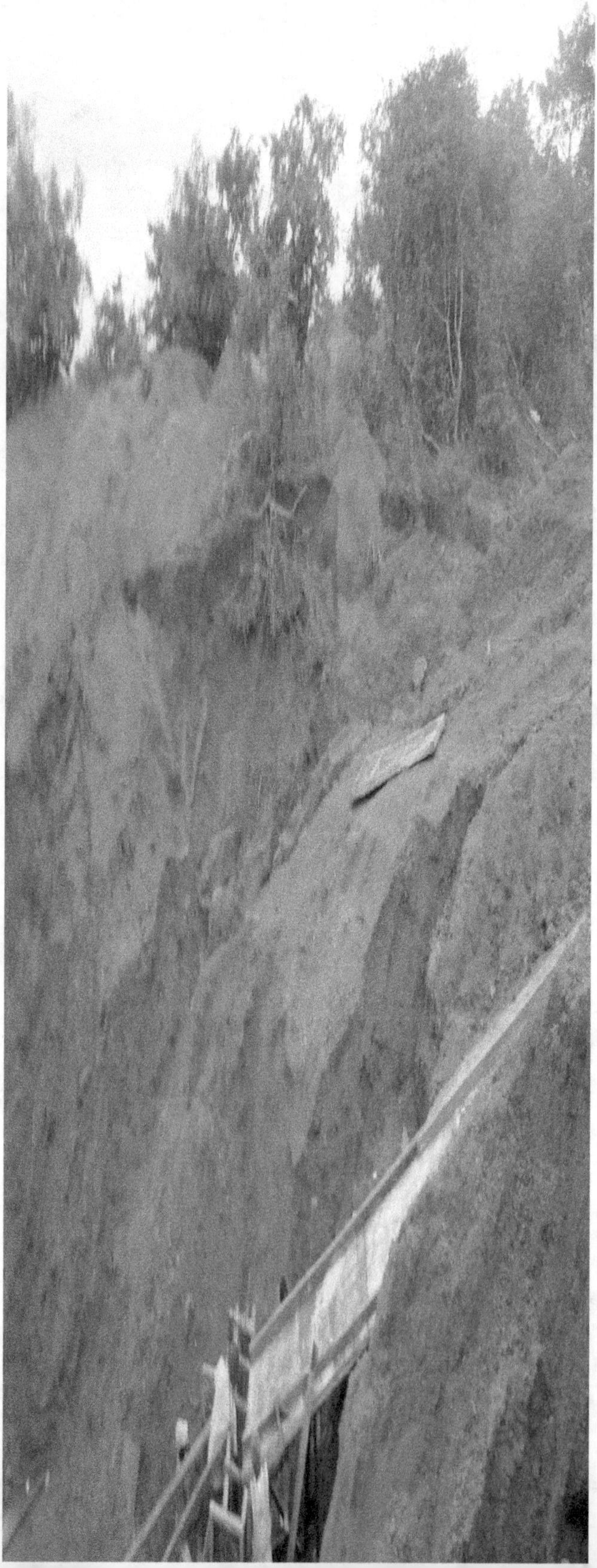

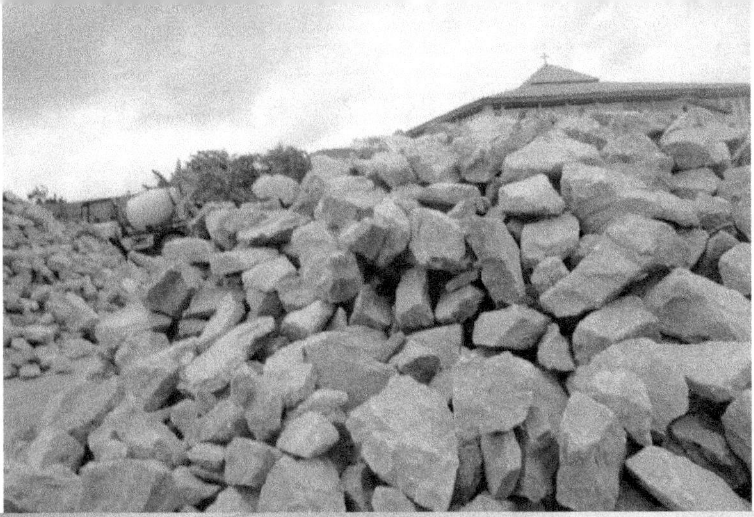

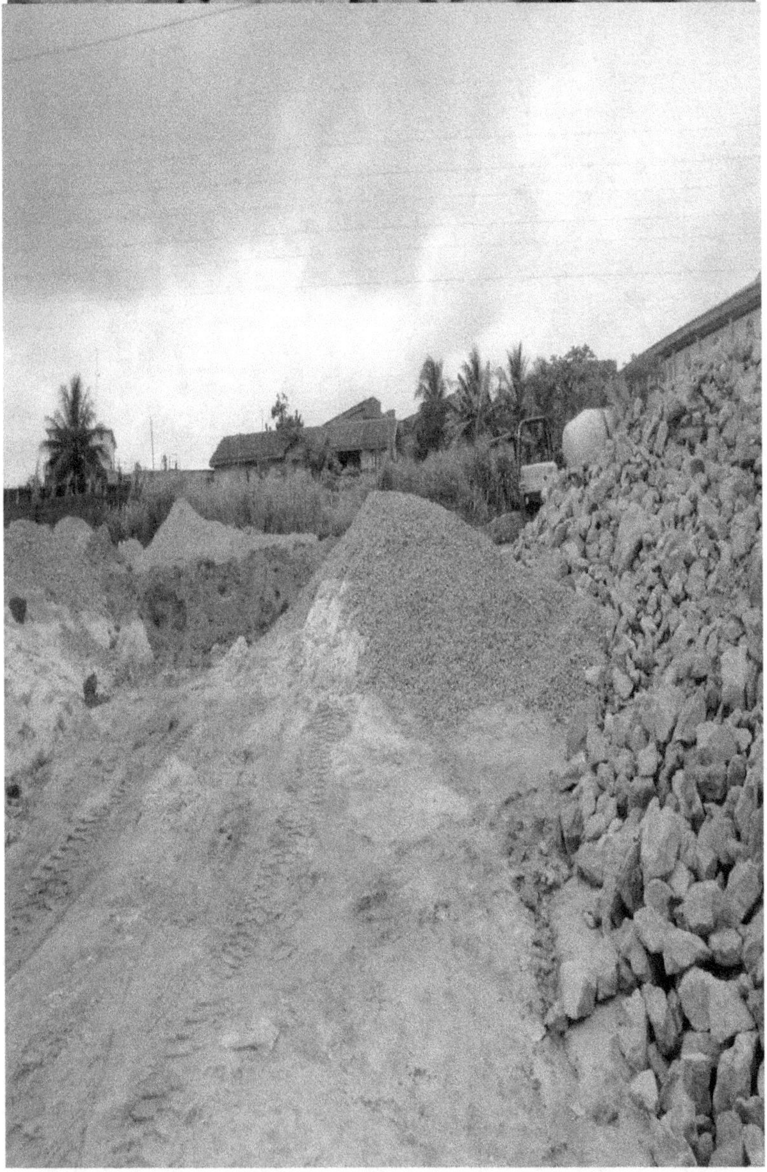

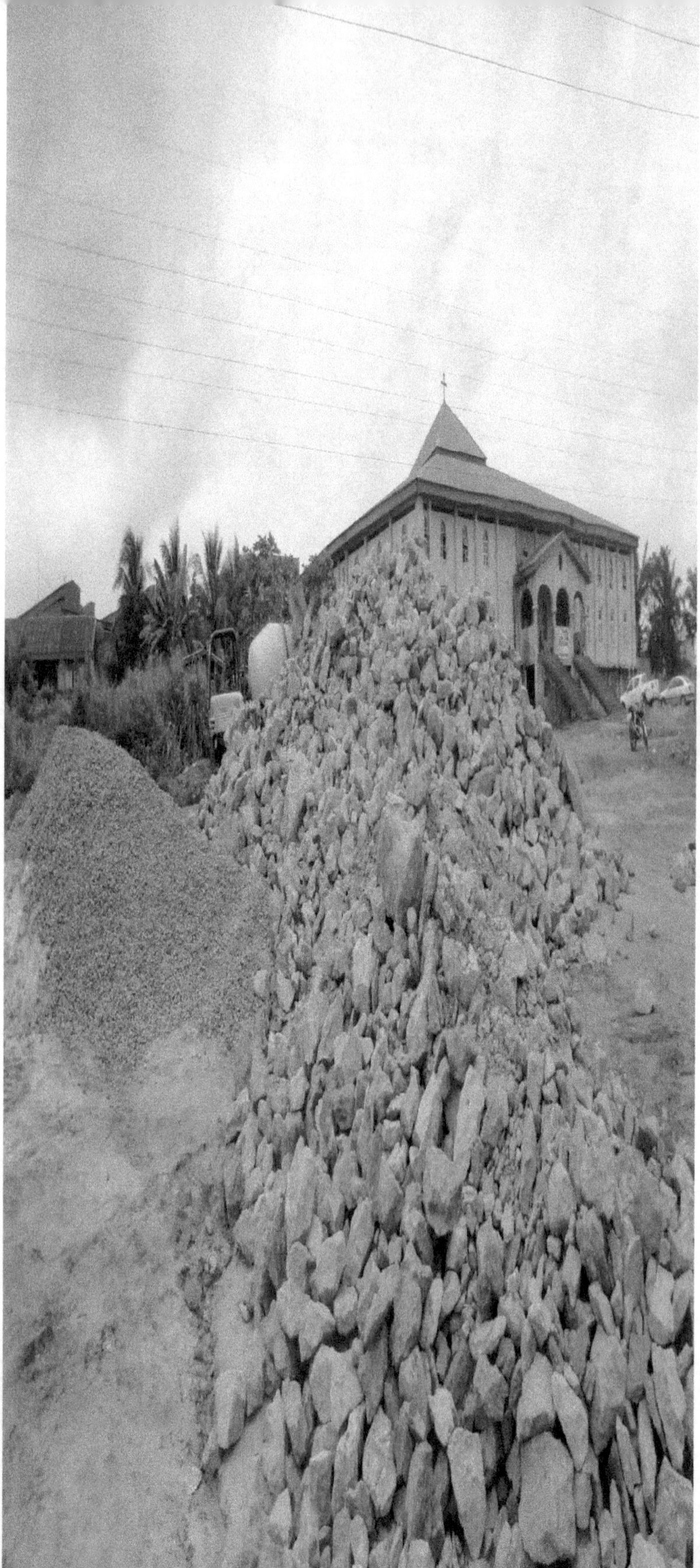

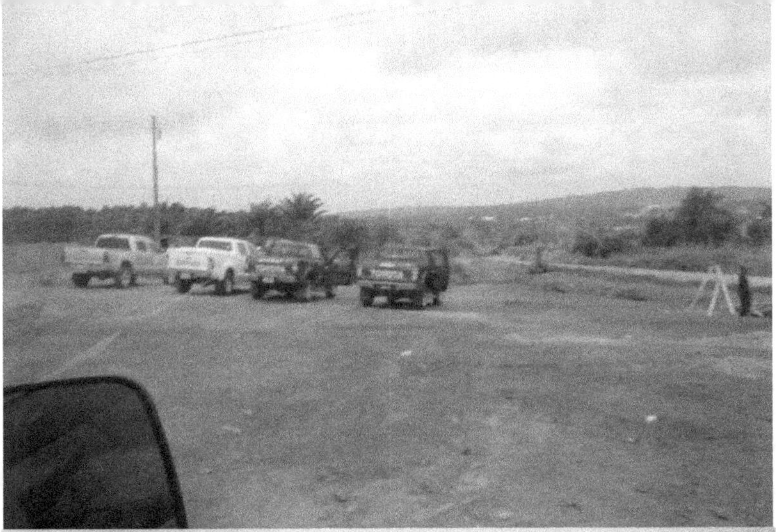

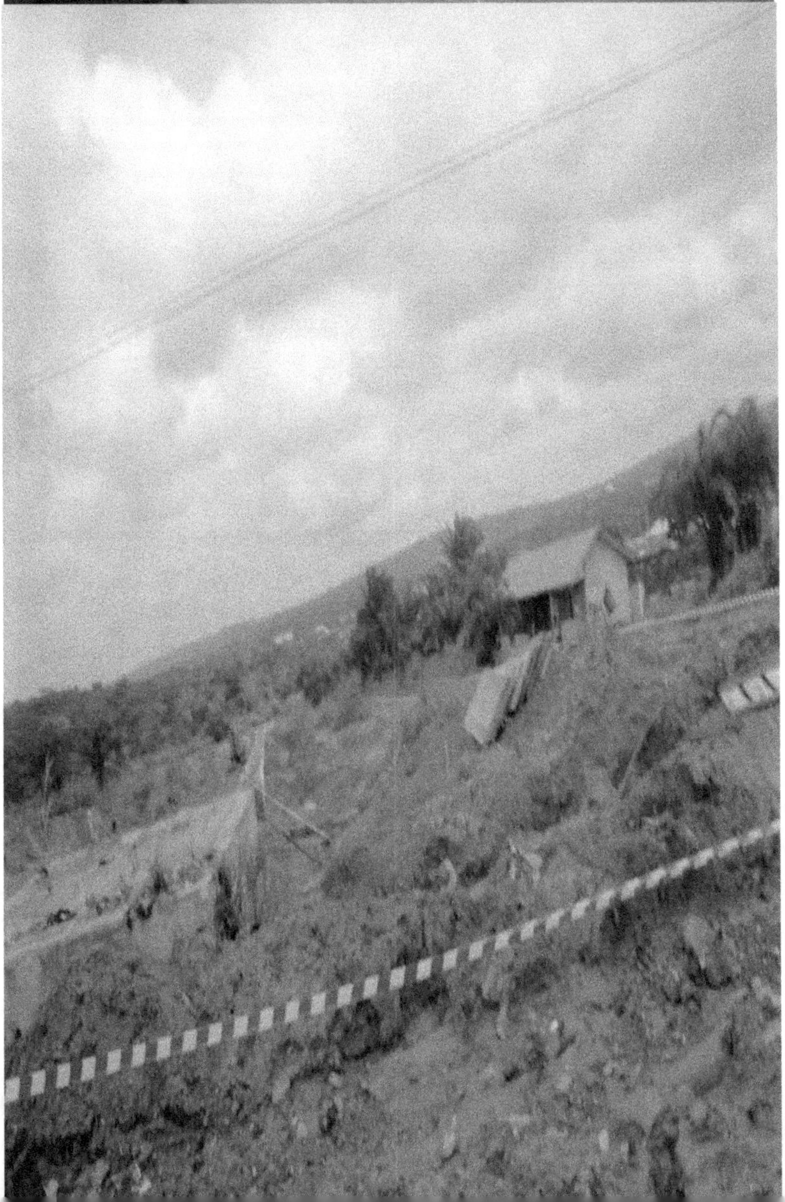

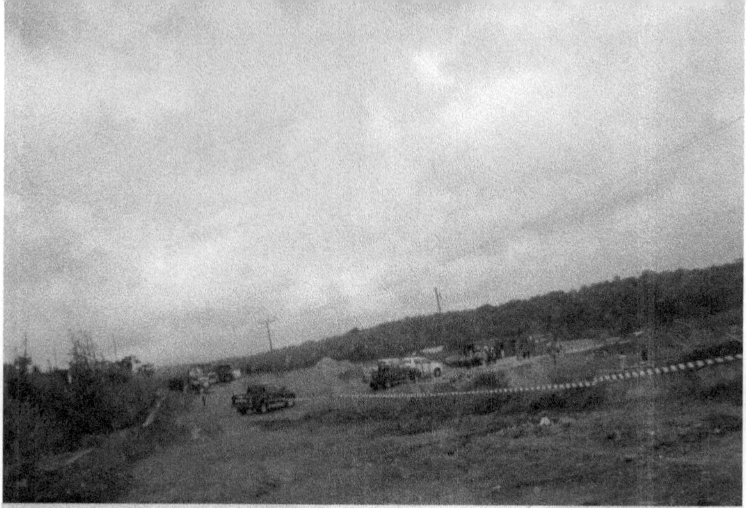

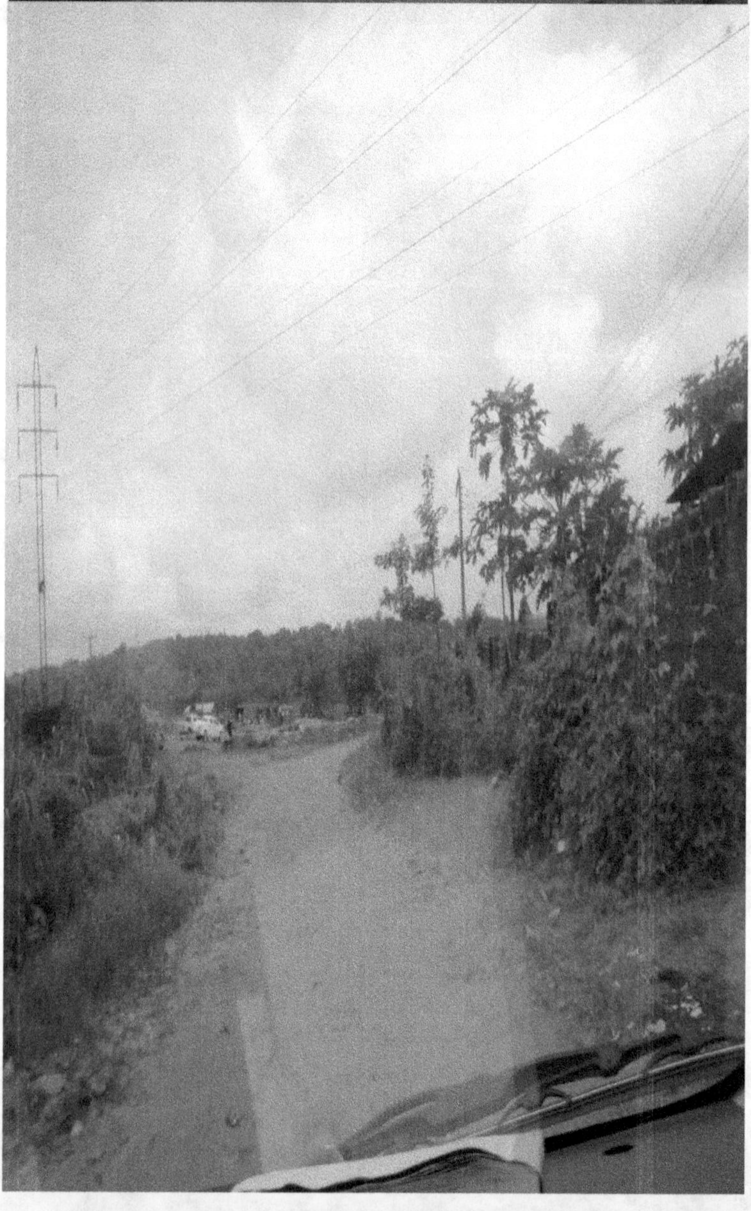

www.ingramcontent.com/pod-product-compliance
Lightning Source LLC
Chambersburg PA
CBHW070428190526
45169CB00003B/1463
* 9 7 8 1 5 3 6 8 2 6 8 4 5 *